全国农业机械化教育培训教材

收获机械使用与维修

汪金营　胡　霞　闫爱霞　编著

中国农业科学技术出版社

图书在版编目(CIP)数据

收获机械使用与维修/汪金营,胡霞,闫爱军编著.—北京:中国农业科学技术出版社,2011.11

ISBN 978-7-5116-0718-8

Ⅰ.①收… Ⅱ.①汪… ②胡… ③闫… Ⅲ.①收获机具—使用 ②收获机具—维修 Ⅳ.①S225.07

中国版本图书馆CIP数据核字(2011)第228848号

责任编辑 朱 绯 马广洋
责任校对 贾晓红 郭苗苗

出 版 者 中国农业科学技术出版社
北京市中关村南大街12号 邮编:100081
电 话 (010)82106638(编辑室) (010)82109704(发行部)
(010)82109709(读者服务部)
传 真 (010)82106624
网 址 http://www.castp.cn
经 销 者 各地新华书店
印 刷 者 北京富泰印刷有限责任公司
开 本 850 mm×1 168 mm 1/32
印 张 4.875
字 数 120千字
版 次 2011年12月第1版 2017年1月第4次印刷
定 价 15.00元

前　言

由于农作物的种类繁多，因此，相对应的收获机械也有多种，如小麦收获机、水稻收获机、玉米收获机、大豆收获机、棉花收获机、马铃薯（即土豆）收获机、甘蔗收获机等。另外为扩大机器的使用范围，提高使用效率，还有一些收获机械通过更换脱粒或割台等少数元件，就可以实现一机多用的目的，如小麦、水稻、大豆通用联合收获机等。

本书主要以使用范围广泛、技术成熟的谷物收获机（即收获小麦、水稻、玉米等谷物的机械）为例，介绍其结构、工作、使用、调整、维护和故障排除等实用性内容，并以通俗的语言和图形来描述，易读易懂。

读者在了解和掌握了谷物收获机的使用方法的基础上，也能帮助机手理解掌握其他作物的收获机械的结构与使用方法，因为这些收获机械有很多共性、相似的地方，可以达到举一反三、触类旁通的效果。

本书由北京农业职业学院汪金营、胡霞、闫爱军编著，尽管作者悉心编写，但由于水平有限，书中还会存在遗漏之处，恳请读者批评指正，以臻完善。

目　　录

第一章　收获机械基础知识 …………………………………… 1
一、谷物收获方法 …………………………………………… 1
二、收获机械的种类 ………………………………………… 2
第二章　谷物收割机的结构与工作 ……………………… 5
一、谷物收割的农业技术要求 …………………………… 5
二、谷物收割机的结构与工作过程 ……………………… 5
三、谷物收割机的主要工作部件 ………………………… 7
第三章　谷物收割机的使用与维修 …………………… 18
一、收割前的准备 ………………………………………… 18
二、收割机的安装 ………………………………………… 19
三、收割机的主要调整 …………………………………… 20
四、收割机操作要点 ……………………………………… 21
五、收割机的安全生产 …………………………………… 22
六、收割机的保养 ………………………………………… 22
七、季节保养和封存 ……………………………………… 23
八、收割机常见故障及排除方法 ………………………… 23
第四章　脱粒机的结构与工作 ………………………… 25
一、对脱粒机的要求 ……………………………………… 25
二、脱粒机的结构和工作过程 …………………………… 25
三、脱粒机的主要工作装置 ……………………………… 30
第五章　脱粒机的使用与维修 ………………………… 42
一、脱粒机的准备 ………………………………………… 42
二、脱粒机操作要点 ……………………………………… 43
三、脱粒机的安全生产 …………………………………… 44

四、脱粒机的保管 …………………………………………… 44
五、脱粒机常见故障与排除 ……………………………………… 44
第六章　谷物联合收获机的结构与工作 ………………………… 45
一、JL1076 型谷物联合收获机的结构与工作 …………………… 45
二、福田谷神系列稻麦联合收获机的结构与工作 ………………… 48
三、铁牛希望星 4LZ－2A 型自走式联合收获机………………… 53
四、新疆－2A 先锋 2006A 自走式谷物联合收获机 ……………… 54
五、先锋 3088A、3095A 自走式谷物联合收割机………………… 56
六、卧式割台半喂入稻麦联合收获机的结构与工作 ……………… 58
七、立式割台半喂入水稻联合收获机 …………………………… 59
八、谷物联合收获机的主要工作部件 …………………………… 66
第七章　稻麦联合收获机械的使用与维修 ……………………… 71
一、收获时机 …………………………………………………… 71
二、地块准备 …………………………………………………… 71
三、机器准备 …………………………………………………… 71
四、谷物联合收获机的操作要点 ………………………………… 73
五、谷物联合收获机的安全生产 ………………………………… 74
六、谷物联合收获机作业质量的检查 …………………………… 74
七、4LZ－2 型谷物联合收获机主要部件的使用与调整………… 77
八、普通“V”形带和变速“V”形带的使用 ……………………… 85
九、链条的使用 ………………………………………………… 86
十、轮胎的使用 ………………………………………………… 88
十一、谷物联合收获机的技术保养与保管 ……………………… 88
十二、谷物联合收获机常见故障与排除 ………………………… 89
十三、久保田半喂入联合收获机的调整 ………………………… 93
十四、久保田半喂入联合收获机的操作 ………………………… 95
十五、久保田半喂入联合收获机的维护与保管 ………………… 97
十六、久保田半喂入联合收获机的常见故障与排除方法 ……… 99

第八章　玉米收获机的结构与工作 …… 102
一、玉米收获机的类型 …… 102
二、雷沃 4YZ－3C 型自走式玉米收获机 …… 105
三、雷沃谷神 4YD－3 型悬挂式玉米收获机 …… 110
四、玉米收获机的主要工作装置 …… 111

第九章　玉米收获机的使用与维修 …… 117
一、如何选购玉米收获机 …… 117
二、收获时机的确定 …… 119
三、作业区准备 …… 119
四、玉米收获机安全使用注意事项 …… 119
五、玉米收获机的试运转 …… 121
六、玉米收获机操作要点 …… 122
七、玉米收获机使用中的维护保养 …… 123
八、玉米收获机使用后的保养、维修 …… 128
九、玉米收获机的常见故障及排除方法 …… 132

附　录 …… 138

第一章　收获机械基础知识

一、谷物收获方法

谷物包括小麦、玉米、水稻、谷子、高粱等作物，其收获过程一般包括收割、脱粒和清选等作业环节。目前，采用的机械化收获方法有以下几种。

（一）分别收获法

分别用人工或机械将作物割倒、铺放在田间，打捆运输，在田间或打谷场进行脱粒，最后进行分离和清选，得到纯净的籽粒。

这种收获方法的优点是：使用的机具结构简单，设备投资少，易于掌握和推广。但劳动强度大，由于需要多次触碰作物，导致籽粒脱落的损失加大，同时生产率较低。

（二）联合收获法

用联合收获机在田间一次完成收割、脱粒和清选等作业。

这种收获方法的优点是：生产率高、劳动强度和收获损失小。但机器结构复杂，设备一次性投资大，对使用技术要求高，对谷物干湿和成熟不一致的情况适应性较差。

（三）分段收获法

将谷物收获过程分两段进行：先用割晒机或收割机将谷物割倒，成条铺放在割茬上，经过 3 ~5 天的晾晒和后熟（后熟是指作物被割下，离开了土壤，但茎秆里贮存的养分还会继续向籽粒输送，使得籽粒更饱满），再用带捡拾器的联合收获机进行捡拾、脱粒和清选。

这种收获方法因充分利用了作物的后熟作用，可提前些时间收割（因为后熟效果可以使还没完全成熟的籽粒继续生长），延长了收获期，解决了工作量集中的问题；谷粒经过后熟后，籽粒饱满，产量高、质量好。但在多雨潮湿地区，谷物铺放在田间，易发芽和霉烂，不易采用此法收获。

二、收获机械的种类

按用途不同可分为下列3种类型。

（一）收割机

可完成谷物的收割和铺放两道工序。按谷物铺放形式的不同，分为收割机、割晒机和割捆机。

收割机是将作物割断后进行转向条铺，即把作物茎秆转到与机器前进方向基本垂直的状态进行铺放，以便于人工捆扎。

割晒机是将作物割后进行顺向条铺，即把茎秆割断后直接铺放于田间，形成禾秆与机器前进方向基本平行的条铺，适于用装有捡拾器的联合收割机进行捡拾联合收获作业。

割捆机是将作物割断后进行打捆，并放于田间。

收割机按割台输送装置的不同，可分为立式割台收割机、卧式割台收割机和回转割台收割机。

收割机按与动力机的连接方式不同，可分为牵引式和悬挂式两种。悬挂式应用比较普遍，且一般采用前悬挂，以便于工作时可以自行开道，即不用人工事先割出机器行走的空地。

（二）脱粒机

按完成脱粒工作的情况及结构的复杂程度，可分为简易式、半复式和复式3种。

简易式脱粒机只有脱粒装置，如打稻机，仅能把谷粒从穗上脱下来，其余分离、清选等工作则要靠其他机器完成。

半复式脱粒机除有脱粒装置外，还有简易的分离机构，能把脱出物中的茎秆和部分颖壳分离出来，但还需其他机器进行清选，才能获得较清洁的谷粒。

复式脱粒机具有完备的脱粒、分离和清选机构，它不仅能把谷物脱下来，还能完成分离和清选等作业。

脱粒机按作物喂入方式，可分为半喂入式和全喂入式。半喂入式只把穗头送入脱粒装置，茎秆不进入脱粒装置，脱粒后可保持茎秆完整。全喂入式是把穗头及茎秆一起喂入脱粒装置，茎秆经过脱粒装置后被压扁破碎，不利于后期的应用，并增加了脱粒装置的负荷。

脱粒机按作物在脱粒装置内的运动方向，可分为切流型和轴流型两种。切流型脱粒机内的作物沿滚筒圆周方向运动，无轴向流动，脱粒后的茎秆沿滚筒切线抛出，脱粒时间短，生产效率高，但对滚筒的线速度要求较高；轴流型脱粒机内的作物在沿滚筒切线方向流动的同时，还作轴向流动，谷物在脱粒室内工作流程长，脱净率高，但茎秆破碎严重，功耗较大。

(三)联合收获机

联合收获机按与动力配套方式，可分为牵引式、自走式和悬挂式，见图 1－1 所示。

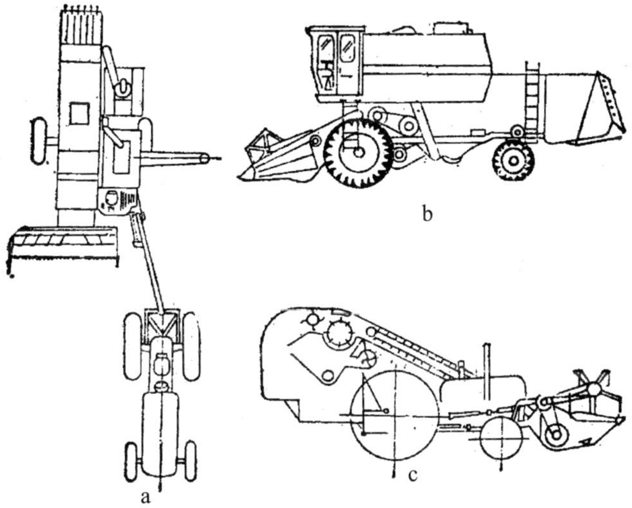

图 1－1　联合收割机的种类

a. 牵引式　b. 自走式　c. 悬挂式

牵引式联合收获机结构简单，但机组过长，转弯半径大，机动性差，由于收割台不能配置在机器的正前方，收获时需要预先人工割出拖拉机初次行进道路。

自走式联合收获机由自身配置的柴油机驱动,其收割台配置在机器的正前方,能自行开道,机动性好,生产率高,虽然造价较高,但目前应用较多。

悬挂式联合收获机又称背负式联合收获机,是将收割台和脱粒等工作装置悬挂在拖拉机上,由拖拉机驱动工作。它既具有自走式联合收获机的机动性高、能自行开道的优点,造价又较低,提高了拖拉机的利用率。

联合收割机按喂入方式,可分为全喂入式和半喂入式两种。全喂入式联合收获机是将割下的作物全部喂入脱粒装置进行脱粒。半喂入式联合收获机是用夹持链夹紧作物茎秆,只将穗部喂入脱粒装置,因而脱后茎秆保持完整,可减少脱粒和清选装置的功率消耗,目前主要用于水稻收获机。

按收获对象的不同,可分为麦收获机械、稻收获机械、稻麦两用收获机械和玉米收获机械等。

第二章　谷物收割机的结构与工作

一、谷物收割的农业技术要求

(1)收割要及时,损失要小。

(2)割茬高度适宜。

(3)铺放整齐,便于人工打捆或机器捡拾。

(4)机器工作可靠,使用、维修方便。

(5)适应性好。能做到一机多用,可收获多种作物,并能适应不同自然条件和栽培制度。

二、谷物收割机的结构与工作过程

谷物收割机多与手扶拖拉机或小四轮拖拉机配套,一般由牵引或悬挂装置、传动机构和收割台三部分组成。收割台一般由分禾器、拨禾装置、切割器和输送装置等组成。

(一)卧式割台收割机

卧式割台收割机采用卧式割台,其纵向尺寸较大,但工作可靠性好,割幅较宽的收割机采用这种形式。

卧式割台收割机工作过程如图2-1所示。工作时,分禾器插入谷物,将待割和不割的谷物分开,待割谷物在拨禾装置作用下,进入切割器被切割,割下的谷物被拨禾轮推送,卧倒在输送带上被送往割台一侧,成条铺放于田间。

(二)立式割台收割机

立式割台收割机的割台为直立式,被割断的谷物以直立状态进行输送,因而其纵向尺寸较小,小型收割机多采用这种形式。

4GL-130型收割机的结构组成如图2-2所示,该机由分禾器、扶禾器、切割器、输送装置、传动装置、操纵装置和机架等部分组成。

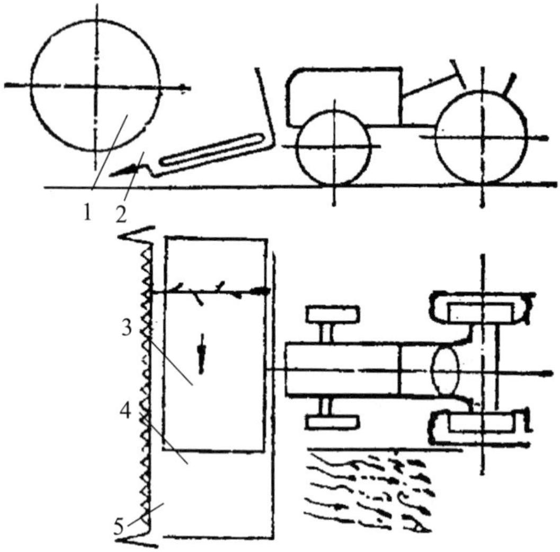

图 2－1　卧式割台收割机工作过程

1. 拨禾轮　2. 切割器　3. 输送带　4. 放铺口　5. 分禾器

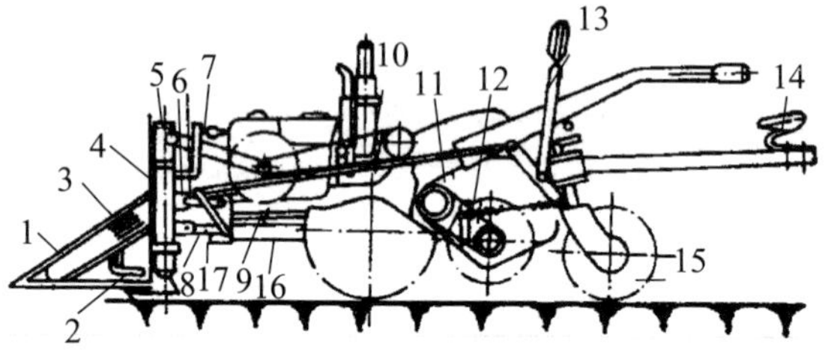

图 2－2　4GL－130 型立式收割机的结构组成

1. 分禾器　2. 切割器　3. 扶禾器　4. 割台机架　5. 传动系统　6. 上支架　7. 张紧轮　8. 下支架　9. 支承杆　10. 钢丝绳　11. 旋耕机　12. 平衡弹簧　13. 操作手柄　14. 乘座　15. 尾轮　16. 机架　17. 起落架

立式割台收割机的工作过程如图 2－3 所示。作业时，分禾器插入作物中，将待割与暂不割作物分开，由扶禾器将待割作物拨向切割器切割，割下的作物在星轮和压簧的作用下，被强制保持直立状态，由输送装置送至一侧，茎秆根部首先着地，穗部靠惯性作用倒向地面，同机组前进方向近似垂直地条铺于机组一侧。

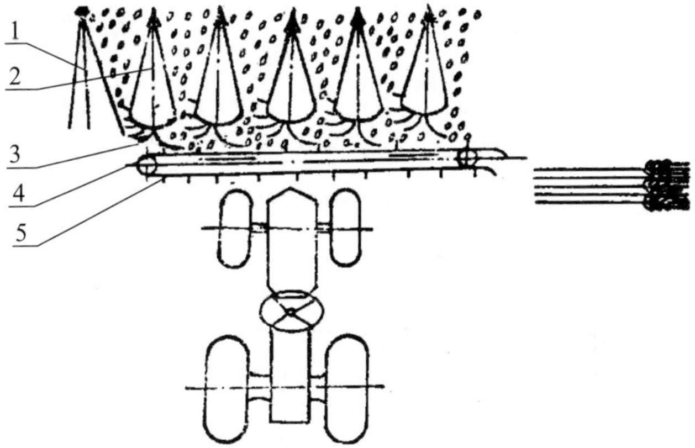

图2-3　立式割台收割机工作过程

1. 分禾器　2. 扶禾器　3. 星轮　4. 弹簧杆　5. 输送带

三、谷物收割机的主要工作部件

谷物收割机的类型很多，但其主要构成部分基本相同，主要工作部件有拨禾装置、切割装置和输送铺放装置等。

（一）拨禾装置

其功用是：把谷物拨向切割器；扶持茎秆，配合割刀进行切割；及时将割断的谷物推到输送装置上。

1. 拨禾装置的类型

卧式割台谷物收割机上一般采用偏心拨禾轮，立式割台谷物收割机上一般采用星轮式扶禾器。

（1）偏心拨禾轮如图 2-4a 所示，偏心拨禾轮主要由钢管、弹齿、偏心圆环、滚轮和辐条等组成。

偏心拨禾轮的工作原理如图 2-4b 所示。辐条 OB 和 O_1A 相等，曲柄 AB 和偏心距 OO_1 相等，OO_1AB 为平行四杆机构。当拨禾轮旋转时，不论曲柄 AB 在任何位置，都有 AB 平行于 OO_1。因此，

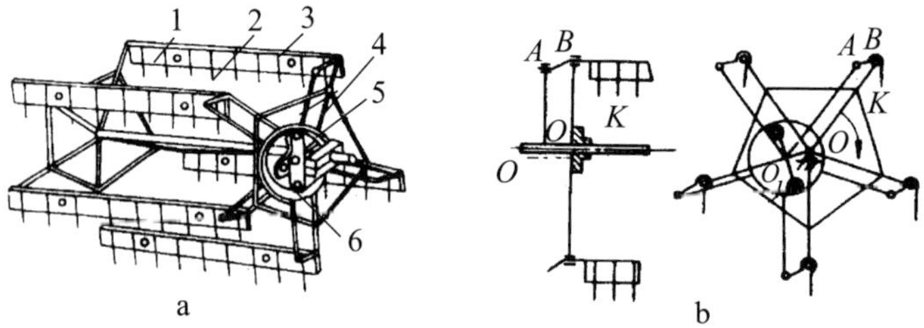

图2-4 偏心拨禾轮

a. 结构　　b. 工作原理示意图

1. 拨禾板　2. 弹齿　3. 钢管　4. 辐条　5. 偏心圆环　6. 滚轮

固定在钢管上的弹齿K,在拨禾过程中与地面的夹角也保持不变,因而可减少对谷物的打击作用和挑草现象,提高了工作质量,减少了损失。在收割倒伏作物时,弹齿的倾斜角度可根据需要进行调整,以增强扶倒能力。

(2)星轮式扶禾器如图2-5所示。星轮式扶禾器分装扶禾齿带与不装扶禾齿带两种形式。主要由扶禾器架、扶禾罩、扶禾三角带、拨禾星轮和压紧弹簧等组成。与地面呈一定倾角(22°左右),每组扶禾器间隔约300毫米。

工作时扶禾器伸入谷物,将待割作物分成小束,由扶禾三角带向切割器拨送,割下的谷物在星轮作用下,以直立状态进入输送带,向割台的一侧输送。由于扶禾齿带对轻倒伏作物的扶起效果不甚明显,且易缠草,有些割台不装扶禾齿带。

2. 拨禾轮的安装与调整

(1)拨禾轮轴安装高度。拨禾轮轴相对于割刀的垂直距离即拨禾轮轴的安装高度,是影响拨禾轮工作质量的重要因素之一。如果太高,则拨禾板不能与谷物接触或正好作用于谷穗处而造成落粒损失;如果太低,拨禾板作用在谷物重心之下,已割谷物会倒向前方,造成割台损失。拨禾轮轴安装高度应按下述情况确定。

①一般情况下,要求拨禾轮的拨禾板能将已割谷物整齐地铺

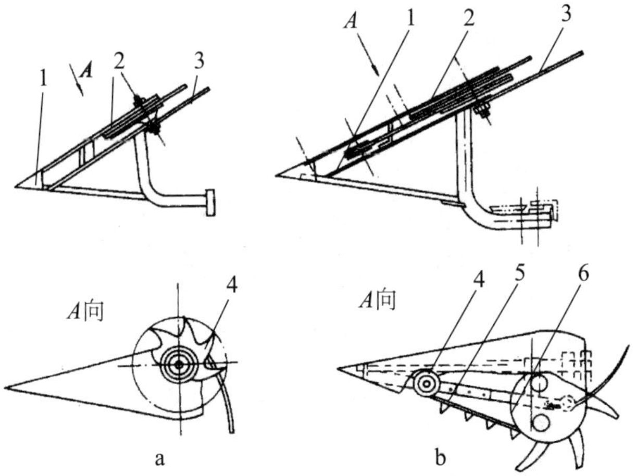

图2-5　星轮式扶禾器

a. 不装扶禾齿带式　b. 装扶禾齿带式

1. 扶禾器架　2. 扶禾罩　3. 压力弹簧　4. 张紧轮　5. 扶禾齿带　6. 星轮

放到割台上,则此时拨禾板应作用于已割断谷物重心(即已割谷物高度的2/3处)稍上处,如图2-6所示,满足这个条件的拨禾轮轴安装高度H应为:

$$H = R + \frac{2}{3}(L - h)\ (\text{米})$$

式中:

H—拨禾轮轴相对于割刀的垂直距离

R—拨禾轮半径(米)

L—谷物平均高度(米)

h—割茬高度(米)

②若收获时作物成熟度高,籽粒容易脱落时,为了减少拨禾轮压板对谷物的打击作用,则要求拨禾板垂直插入谷物,此时拨禾轮轴的安装高度H为:

$$H = L + R/\lambda - h\ (\text{米})$$

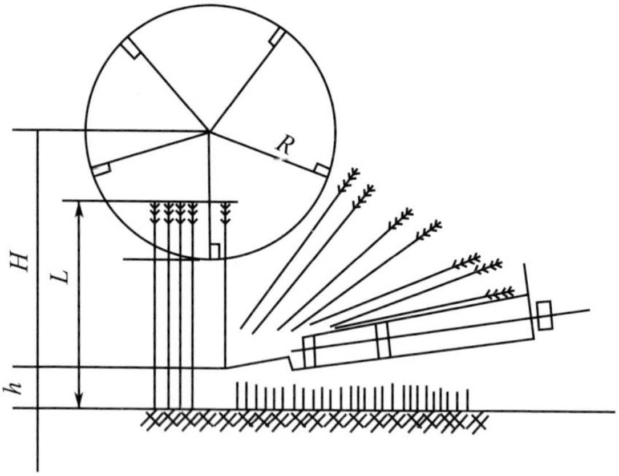

图2-6 拨禾轮轴安装高度

式中：R—拨禾轮半径（米）

L—谷物平均高度（米）

h—割茬高度（米）

λ—拨禾轮的速度比，即 $\lambda = v_{拨}/v_{机}$，其中，$v_{拨}$ 为拨禾轮圆周速度（米/秒），$v_{机}$ 为机器前进速度（米/秒）。一般谷物收割机上，λ 在1.3～2.0范围内。

由上述公式可知，拨禾轮安装高度应随作物高度及割茬高度而改变。因此其高度应是可调的。拨禾轮轴高度可用调节丝杆或用液压缸调节拨禾轮支臂的高低位置来改变。

在收获倒伏作物时，为保证拨禾作用，拨禾轮要降低，并注意不要使弹齿碰到其他工作部件。

（2）拨禾轮轴水平位置。一般收割机收割中等高度直立作物时，拨禾轮轴位于割刀正上方，此时拨禾轮的扶持和推送作用范围是相等的；如收割生长较稀或茎秆高大或向前倒伏的谷物时，拨禾轮轴应适当前移，以增加拨禾轮的扶禾作用范围，有利于割刀切割；当收割矮秆或向后倒伏的谷物时，应适当后移拨禾轮轴，以改善铺放性能。

拨禾轮轴水平位置是通过移动拨禾轮轴轴承座在水平支架上的前后位置来改变的。有的联合收割机上拨禾轮的前后调整与高度调整是连动的。

(3)拨禾轮转速的调整。当机器前进速度随作物生长状况不同而改变时,为保证拨禾轮的良好工作性能,拨禾轮的转速也应作相应调整。但拨禾轮的转速不可过高,实践证明,当拨禾轮的圆周速度超过3米/秒后,拨禾板击落谷粒的损失将增加。拨禾轮转速的调整一般采用更换链轮的方法,也有采用改变"V"带(三角皮带)盘直径进行无级调速的方法。

(4)偏心拨禾轮弹齿倾角的调整。收割直立作物时,弹齿应垂直于地面以减少对穗头的打击损失;收割向前倒伏(倒伏方向与机器前进方向一致,也称顺倒伏)谷物时,弹齿可后倾15°~30°,以扶起作物;收割向后倒伏(又称逆倒伏)谷物时,弹齿可适当前倾,以增强铺放能力,防止挂带。弹齿倾角可通过调节机构改变偏心辐盘的圆心位置来调整。

(二)切割装置

切割装置又称切割器,其作用是切断谷物茎秆。对切割器的要求是:切割顺利,无漏割、堵刀、拉断或拔起茎秆现象,结构简单,功率消耗小。

1. 切割器的类型

切割器的类型主要有回转式和往复式两种。

(1)回转式切割器。常见的回转式切割器是圆盘式切割器,为无支承切割方式,主要工作部件是圆盘动刀片。工作时,靠圆盘动刀高速回转割断茎秆。其特点是:切割速度高,切割能力强,工作平稳。但传动复杂,割幅较小,多用于割草机和小型收割机。

(2)往复式切割器。它由往复运动的动刀片和作切割支承用的定刀片组成。其特点是:工作可靠,适应性广。但往复惯性力不易平衡,机器振动较大,限制了切割速度的提高。

往复式切割器按国家标准规定有Ⅰ型、Ⅱ型、Ⅲ型3种形式，其工作性能基本相似，只是零件的几何尺寸和装配关系上稍有差异，见图2－7所示。

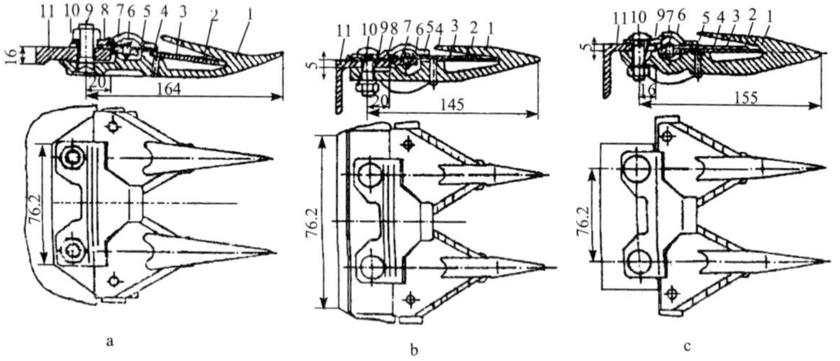

图2－7　标准型切割器(单位:毫米)

a. Ⅰ型切割器　b. Ⅱ型切割器　c. Ⅲ型切割器

1. 护刃器　2. 定刀片　3. 动刀片　4. 定刀片铆钉　5. 压刃器　6. 动刀片铆钉　7. 刀杆　8. 摩擦片　9. 螺栓　10. 螺母　11. 护刃器梁

Ⅰ型切割器适用于割草机；Ⅱ型、Ⅲ型切割器适用于谷物收割机。Ⅱ型切割器在新设计的机子上推荐使用，Ⅲ型属于淘汰型，只用于原有机型的配件供应。三种标准型切割器的共同特点是：割刀行程 s、动刀片间距 t 和定刀片间距 t_0 的尺寸相等，即 $s=t=t_0=76.2$ 毫米。在有些机子上采用小刀片型往复式切割器，其 $s=t=t_0=50$ 毫米、60 毫米或 70 毫米。在粗茎秆作物切割器上，则采用 $s=t=t_0=90$ 毫米或 100 毫米。

2. 往复式切割器的构造

见图2－7，主要由动刀片、定刀片、护刃器、压刃器、摩擦片和刀杆等组成。

(1)动刀片和定刀片通常采用T9钢，并经热处理制成。动刀片外形呈六边形，铆在刀杆上；定刀片外形呈梯形，铆在护刃器上。两种刀片均有光刃与齿刃两种，光刃阻力小，但易磨钝；齿刃阻力较大，但不易磨钝。在谷物收割机上一般采用齿刃动刀片与光刃定刀片组成切割副。

(2)护刃器其功用是固定定刀片,保护动刀片,并作为切割支承点,工作时将作物分成小束,以利切割。护刃器有单联和双联之分,前者用于Ⅰ型切割器上,后者用于Ⅱ型、Ⅲ型切割器上。护刃器尖端有上弯、下弯和平伸3种形式。上弯可防止低割时插入土中,下弯有利于扶起谷物,平伸则介于两者之间。护刃器多用可锻铸铁制成,也可用钢板冲压制成。

(3)压刃器用40号钢或可锻铸铁制成,固定在护刃器梁上。其功用是保证动定刀片之间有正常的配合间隙。一般每米割幅装2~3个压刃器。

(4)刀杆用以安装动刀片,端部固定有刀杆头以便与驱动机构连接。它是一根矩形断面的扁钢条,一般用35号冷拉扁钢制成。

(5)摩擦片安装在Ⅰ型、Ⅱ型切割器刀杆后方,用于抵住动刀片切割茎秆时所产生的反力,在垂直和水平两个方向上支承割刀,防止护刃器导槽的磨损。

3. 往复式切割器的检查与调整

往复式切割器技术状态的好坏,对切割质量和切割阻力有很大影响,其主要检查和调整项目如下。

(1)对中。当割刀处于往复运动的两个极端位置时,所有动刀片中心线与相应定刀片(护刃器)的中心线均应重合。工作幅宽小于2米的切割器,其允许偏差为3毫米;工作幅宽大于2米的,允许偏差为5毫米。对中不符合要求时应进行调整,调整方法因驱动机构的不同而异,曲柄连杆机构驱动的可调整连杆的工作长度,摆环机构可调整摆动轴的横向位置。

(2)整列。安装好的护刃器,间距应相等,且在同一水平面内,允许的间距及高低偏差不得超过±3毫米。检查时可在两侧护刃器尖端之间拉直线。定刀片应位于同一水平面上,每5个定刀片的偏差不得大于0.5毫米,可用直尺检查,见图2-8所示。不符合要求时，可用手锤或专用工具矫正护刃器，见图 2－9 所示，但要注意防止护刃器断裂。

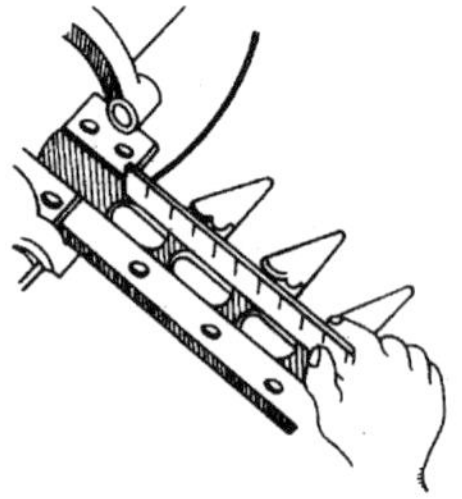

图 2－8　护刃器整列检查

图 2－9　护刃器的矫正

（3）密接。割刀处于极端位置时，动、定刀片的前端应贴合，允许的最大间隙为 5 毫米；后端则应有 0.3～1.0 毫米的间隙，允许少数（1/3 以下）刀片可达 1.5 毫米的间隙。不符合时，可在压刃器或护刃器下面加减垫片，必要时用手锤或专用工具矫正护刃器或压刃器，见图 2－10 所示。调整后，压刃器与动刀片之间的间隙应为 0.3～0.5 毫米，割刀应能用手拉动自如。

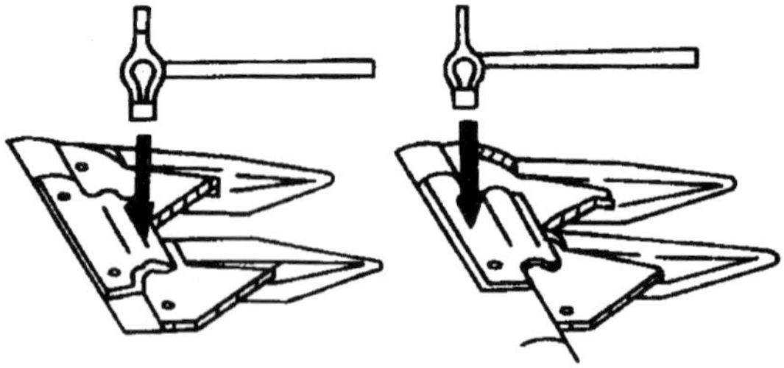

图 2－10　压刃器间隙的调整

（三）输送铺放装置

1. 卧式割台收割机的输送铺放装置

卧式割台收割机的输送和铺放装置为帆布输送带式。输送带平置于割台上，回转工作，将割倒在其上的作物向一侧输送，成条铺放于地面，谷物铺放呈首尾不分形式。

为便于收集和打捆，可将谷物在铺放过程中茎秆扭转一定角度，首尾分清，在卧式割台收割机上常采用以下形式：

（1）单带推杆式输送铺放装置。如图 2－11 所示，在割台的一侧装有两根铺放杆，起转向铺放作用。工作时，割下的谷物倒放在帆布输送带上被送往铺放杆一端，当茎秆刚离开输送带时，前部着地而后部在铺放杆作用下，扭转一定角度铺放于地面。

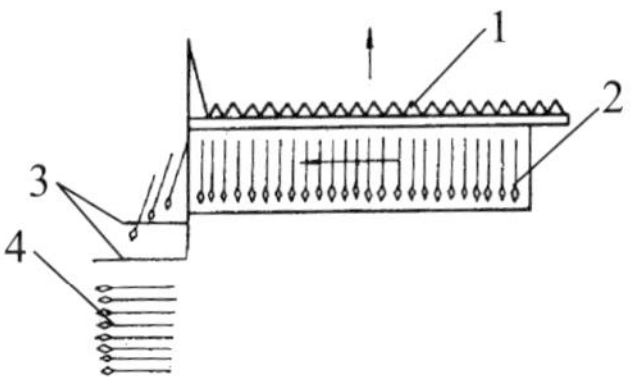

图 2－11　单带推杆式输送铺放装置

1. 切割器　2. 输送带　3. 铺放杆　4. 禾秆

（2）双带式输送铺放装置。如图 2－12 所示，在割台上装有前、后两条帆布输送带，前带短而窄，速度较大；后带长而宽，速度较小。当谷物被输送到前带端部时，由于前带短使茎秆根部先掉下着地，而穗头部仍被后带带动，茎秆便在帆布带输送速度和机组前进速度的配合下，扭转 90°左右铺放于地面。

2. 立式割台收割机的输送铺放装置

如图 2－13 所示，它通常采用上、下两条有拨齿的输送带，有带前输送式和带后输送式两类。被割断的谷物在输送带拨齿的带动下，呈直立状态向一侧输送，最后在拨禾星轮的配合作用下，穗头向外倾倒而成条铺放于地面。

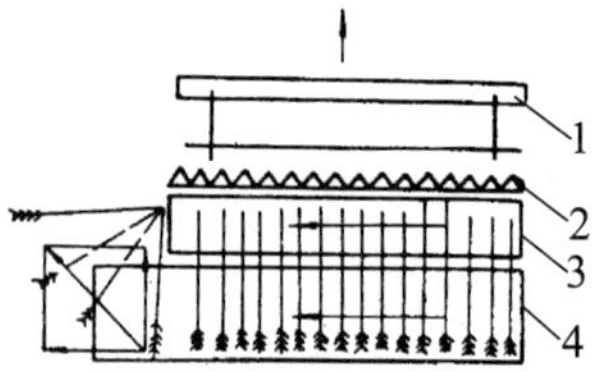

图2－12　双带式输送铺放装置

1. 拨禾轮　2. 切割器　3. 前输送带　4. 后输送带

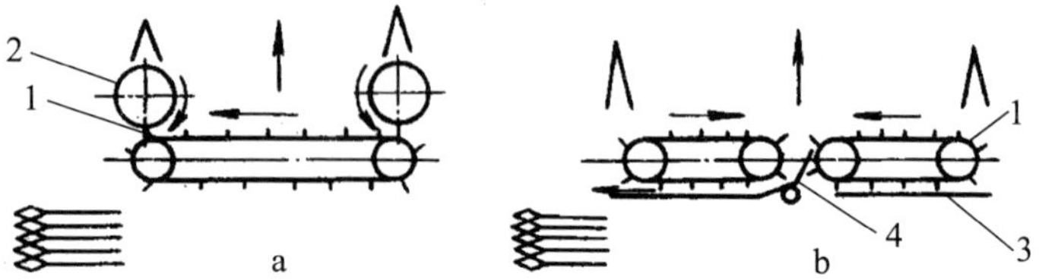

图2－13　立式割台收割机的输送铺放装置

a. 带前输送式　b. 带后输送式

1. 输送带　2. 拨禾星轮　3. 后挡板　4. 活门

带前输送式的特点是:谷物由输送带的前边输送铺放,改变输送带的回转方向,可实现向左或向右铺放。

带后输送式的特点是:输送带分左右两组,回转方向均朝向中央而把谷物送向中央,谷物经活门控制进入左侧或右侧输送带后方,在挡板的扶持下,实现向左侧或右侧输送铺放。

有的立式割台收割机,在割台右侧加装有纵向夹持输送带,如图2－14所示。工作时,作物直立输送到割台右端后,由纵向输送带夹持,向后直立输送,至端处穗头向内倾倒,成条铺放于地面。这种铺放方式,作物铺放在后方割幅内的割茬上,可避免覆盖和压坏两边的作物,能适应畦作和间、套作的收割要求。

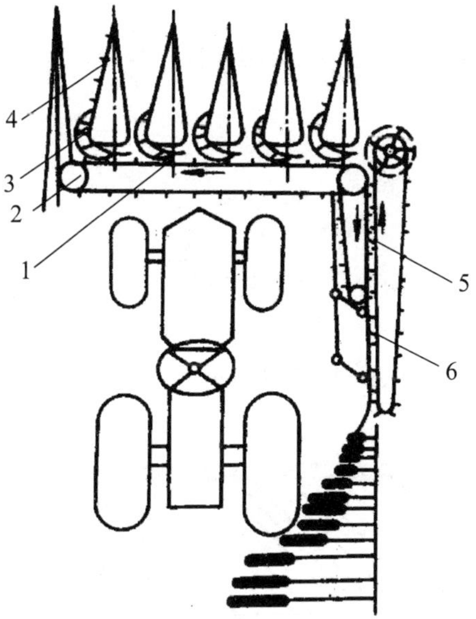

图 2－14　收割机的铺放

1. 压禾弹条　2. 输送带　3. 星轮　4. 扶禾带　5. 纵向输送带　6. 导向杆

第三章　谷物收割机的使用与维修

一、收割前的准备

1. 田块准备

田块四周的作物要用人工割掉(图3－1),以免分禾器撞到田埂。严重倒伏的作物要用人工预先割掉并运走。填平田间的沟坎,使机组能较平稳地进行作业。

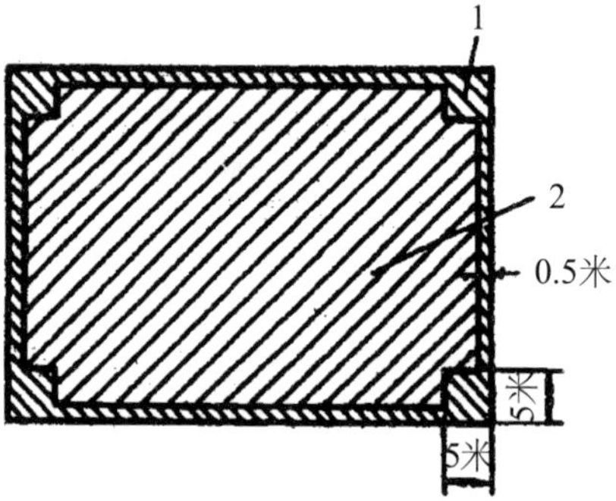

图3－1　准备好的田块

1. 人工预先割掉的部分　2. 用机械收割的田块

2. 机具准备

(1)对收割机和配套拖拉机进行正确挂接,使升降机构和传动装置安装正确,连接可靠。

(2)检查和调整各工作部件,达到正确的技术状态。

(3)按说明书规定的润滑点进行润滑。

(4)试运转。先用手摇车,带动各部分运转,无碰撞、卡滞现象时,用小油门使收割机运转,然后逐渐加大油门至额定转速,运转15～20分钟,观察各部分运动情况,并检查升降是否符合要求。

(5)停机后检查各紧固件是否松动。确认正常后方可进行田间作业。

二、收割机的安装

收割机多与小四轮拖拉机或手扶拖拉机配套，下面以 4GL－130 型收割机为例，说明收割机的安装过程。

1. 与小四轮拖拉机配套的收割机的安装过程，见图 3－2 所示

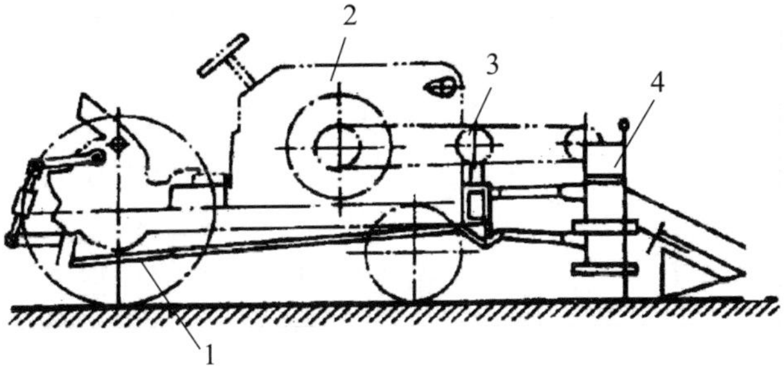

图 3－2　与小四轮拖拉机配套示意图

1. 操纵组合　2. 小四轮拖拉机　3. 挂接传动组合　4. 收割机

(1)把传动组合支架安装在拖拉机的保险杠上，用 3 根 M16 螺栓紧固好。

(2)将上、下支臂用销轴固定在传动组合支架上，并挂上割台。

(3)装上“V”带(B1372)，连接割台与传动组合支架；用皮带(B1118)连接传动组合支架与皮带轮(中间槽)。如果排气弯管妨碍皮带挂接，则装上加长法兰盘。

(4)割台平放于地面，挂上张紧轮，使传动支架至割台的 V 带处于张紧状态。

(5)连接液压拉杆于下支臂与液压拉臂之间，并调整好钢丝绳，打开液压开关后使割台升起约 200～500 毫米，割台保持水平。

2. 与手扶拖拉机配套时的安装过程

(1)拆除手扶拖拉机的保险杠和前支架，卸掉手扶拖拉机的其他配套农具，把拆除刀片的旋耕机安装在拖拉机上以平衡机组的重量。

(2)连接拖拉机和收割机的挂接部分。将带有旋耕机的拖拉机固定,取下机架下面的两个 M14 螺栓,把支承杆拧入并拧紧。把发动机调整螺杆上的螺母拆下,将收割机的挂接组合固定在机架前端,并拧紧支承杆和调整螺杆上的螺母。

(3)连接收割机的割台和挂接部分。把收割机移到挂接架前,使升降臂的销孔对准割台上的连接耳,插上 4 个销轴,锁上开口销。

(4)安装普通"V"带。用"V"带把拖拉机和收割机皮带轮连接起来,使拖拉机皮带轮、收割机皮带轮和张紧轮三者在同一传动平面内。

(5)安装操纵升降部分。用 3 根 M10 × 65 螺栓把扇形板装在旋耕机左梁端面上,用 2 根 M10 × 20 的螺栓把弹簧固定板固定在旋耕机左侧板上,并装上平衡弹簧,调整好连接钢丝绳。

(6)装上收割机的支架、配重、尾轮等,调整好尾轮的高度。

三、收割机的主要调整

1. 切割器的调整

收割机在使用中因磨损、振动和松动等原因,使刀梁、动刀杆和护刃器等变形,而影响切割质量,故应经常检查,及时调整。检查的主要内容是对中、整列和密接,具体内容可参照前述第二章切割器部分,在此不再重述。

2. 分禾器的调整

分禾器尖应与最外侧护刃器尖相对应或有少许外倾斜为宜。分禾器向内倾斜时割幅减小,内倾过大会将作物向分禾器外排挤拥倒;分禾器向外侧倾斜过大时,会增大割幅,造成端部割刀切割量大或堵刀,会导致切割器工作不正常。

3. 扶禾器的调整

各扶禾器尖应在同一直线上,允许有不大于 5 毫米的偏差,同时,扶禾器两尖间的距离差不允许大于 5 毫米。

4. 立式割台输送带的调整

(1)及时张紧上下轮输送带的张紧度,但不宜过紧,以不打滑为准。

(2)作物输送间隙(指上拨齿与星轮或扶禾轮之间的距离)一般为60~90毫米。作物密度大时,间隙应调大;反之调小。

(3)根据作物高度调整上输送带的高低位置。一般使之作用在作物自然高度的1/3~2/5处,并注意防止拨齿拨碰作物穗部。

(4)上输送带前后倾斜度的调整。当作物密度大时,可适当前倾,增大输送能力;作物较稀或较矮时,可适当后倾。

四、收割机操作要点

(1)机手在作业前要经过培训,了解收割机的结构,掌握收割机的操作方法。

(2)认真检查各零部件安装是否无误、连接可靠,并按照使用说明书的要求对各润滑点进行润滑。

(3)收割前必须进行试运转。先用小油门使收割机传动系统运动,如无异常再慢慢加大油门运转3~5分钟,观察机器有无异常现象以及输送带是否跑偏。升降收割机应无卡滞或倾斜,确认正常后方可进入田间作业。

(4)收割机进入割区前应降下割台,平稳起步。严禁将割台插入作物后再启动运转,无特殊情况,严禁紧急刹车和猛加油门。

开始收割前,应先转动收割机各工作部件使之运转,然后小油门平稳起步,当割刀将要接触作物前加大油门进行作业。收割机应沿播、插方向尽量走直,满幅工作。根据作物生长情况(高、矮、稀、密)和地形,正确选择机器前进速度(一般为3.5~5千米/小时),若作物生长稠密则选低挡,作物生长稀疏选高挡。地头转弯、过渠埂时应减速。

(5)作业机组一般采用回形走法,地头转弯时应升起割台,待作物全部送出后再切断动力，停止运转。

(6)潮湿或带露水的作物不宜收割。

(7)工作中要注意观察割茬，尤其是湿田作业时应抬高割茬，防止割刀堵塞。割茬不得太低，否则容易碰撞石块等硬物、割刀吃进土里，都会造成割刀损坏。

(8)收割倒伏作物时，要采用逆向收割(即机器前进方向与倒伏方向相反)或侧向收割方式，以减少收割损失。

(9)作业过程中要按时检查，按时保养，发现异常时，要及时停车检查。检查时应将机组退到已割地面，切断动力，升起割台并可靠锁定和支垫后，方可进行检修。

(10)与手扶拖拉机配套的收割机组遇到下陡坡时，要用开倒挡的方法下坡，以防整车后部翘起。

五、收割机的安全生产

(1)掌握好适宜的收割时机，雨后或作物湿度较大时，不宜马上工作。

(2)遇地面不平整及水田泥烂情况，应适当调高割茬，以免造成机具损坏。

(3)收割机在田间出现故障时，应及时停车检查，严重时应熄火后再排除故障。

六、收割机的保养

收割机的保养有班前保养、作业中的保养、班后保养、季节保养。对收割机进行正确的保养，可以减少故障，延长使用寿命。

1. 班前保养

班前按规定对机器进行润滑；检查各部分紧固情况和操纵情况；并空转观察各部分运转情况，应无异响或卡滞现象。

2. 作业中的保养

随时注意收割机作业情况，及时清除工作部位的缠草、草屑和泥土。清理割台时，必须使收割机停止运转。注意调整传动带的张紧度。

3. 班后保养

收割机停放时应使收割台着地，不要悬挂。清除泥土和缠草。清理切割器，并检查技术状态是否完好，如有异常应进行调整，然后注少量机油。检查各零件有无损坏，紧固件是否松动，如有异常应及时更换和紧固。

七、季节保养和封存

每季工作结束后，收割机要放置很长时间，以便下一个收获季节时再用，为防止在停放期间机器锈蚀损坏，故要全面进行保养一次，具体做法如下。

(1)拆下割台、挂接、操纵、提升等各部件；检查轴承磨损情况、机架与刀梁有无变形，更换损坏的零部件，加注润滑油。

(2)卸下输送皮带和传动带，挂在阴凉干燥通风处。

(3)检查切割器，若有崩刃或磨损严重的应更换，铆钉松动的应重新铆紧。

(4)齿轮磨损严重的应更换，齿轮箱加注润滑油。

(5)检查完毕后，凡有脱漆部分应重新补漆，然后将收割机放在室内或有盖的棚里，用木板将割台垫起离地并放平。在刀片及其他裸露的金属处涂废机油，以防锈蚀。

八、收割机常见故障及排除方法

收割机常见故障及排除方法见表3－1。

表3－1　收割机常见故障及排除方法

事故现象	事故原因	排除方法
割台突然停止工作	1. 割台卡着铁丝或硬物 2. 张紧轮不起作用，“V”带打滑 3. 动刀片或定刀片铆钉松劲，刀片被卡死 4. 机器过田埂时提升过高，张紧轮松弛，“V”带打滑	1. 切断动力后，将铁丝、石块或其他杂物清除掉 2. 调整张紧轮 3. 停机，铆紧铆钉 4. 在收割过程中，机器提升不宜过高

（续表）

事故现象	事故原因	排除方法
输送堵塞	1. 上、下输送带松弛，不转动 2. 田间杂草过多，将扶禾星轮缠住 3. 起步不平稳 4. 作物不熟或太湿 5. 压力弹簧松动 6. 作物严重倒伏或乱倒伏 7. 拖板碰地壅土	1. 调整输送带被动轮螺杆，使输送带张紧。如螺杆调到顶点，皮带仍长，则将皮带截去一个齿距（122毫米）再接上 2. 清除杂草 3. 起步要平稳，机具离作物要有一定距离 4. 待作物成熟后或干后收割 5. 调整压力弹簧，紧靠挡板 6. 采取单向逆倒伏收割或将部分乱倒伏作物用人工割掉 7. 提高割台
不直立输送、铺放不齐	1. 上、下输送带张紧度不一致 2. 压力弹簧过松 3. 作物长势与选择的前进速度不一致	1. 调整输送带张紧度，保证上、下一致 2. 将弹簧调整到适当压力 3. 正确选择前进速度，当作物长势很好时，选用低挡作业
动刀片早期磨损或断裂	1. 压刃器压得过紧，产生沟槽 2. 割茬太低，碰到石块或其他硬物	1. 压刃器下加垫片或卸下压刃器，用锤轻铆中间鼓起部位 2. 适当调整割茬，切割部分不宜离地面太低；更换断裂的动刀片
星轮齿部断裂	1. 运输途中碰断 2. 地头拐弯处碰到障碍物 3. 拖拉机速度太快 4. 输送堵塞	1. 运输途中，注意紧固，不要让其位置随车错动 2. 操作到地头拐弯处，要注意减速 3. 操作速度视作物长势而选择挡位。当作物生长稠密时降低前进速度 4. 发现堵塞，顺出口方向排除

第四章　脱粒机的结构与工作

脱粒是谷物收获中继收割之后的一个重要环节。脱粒机主要是对割下的谷物进行脱粒，复式脱粒机还能进行分离和清选，以便得到干净的谷粒。

一、对脱粒机的要求

(1)脱粒干净，脱净率大于98%，对具有清选装置的脱粒机，还要求有较高的清洁率。

(2)损失率低，破碎率小，一般都不应超过2%。

(3)通用性好，能适应多种作物。

(4)工作安全可靠，使用、保修方便，生产率高，功率消耗小。

二、脱粒机的结构和工作过程

(一)双滚筒复式脱粒机

该机的结构和性能较完善，可一次完成脱粒、分离和清选作业，以脱小麦为主，兼脱水稻、高粱、大豆等作物。该机主要由喂入装置、脱粒装置、分离装置、清选装置、输送装置、杂余处理装置、行走装置及机架等组成，见图4-1所示。

喂入装置由输送槽、链板式输送链和传动轴等组成。

脱粒装置采用双滚筒式，第一滚筒为钉齿式，第二滚筒为纹杆式。

分离装置由逐稿轮、逐稿器和挡草帘等组成。逐稿轮为叶轮式，逐稿器为双轴四键式。

清选装置由两个清粮室组成。第一清粮室由阶梯板、上筛、下筛和风扇等组成；第二清粮室装在机体左侧，由箱体、滑板和第二风扇组成。

输送装置由谷粒螺旋推运器、升运器和杂余螺旋推运器等组成。

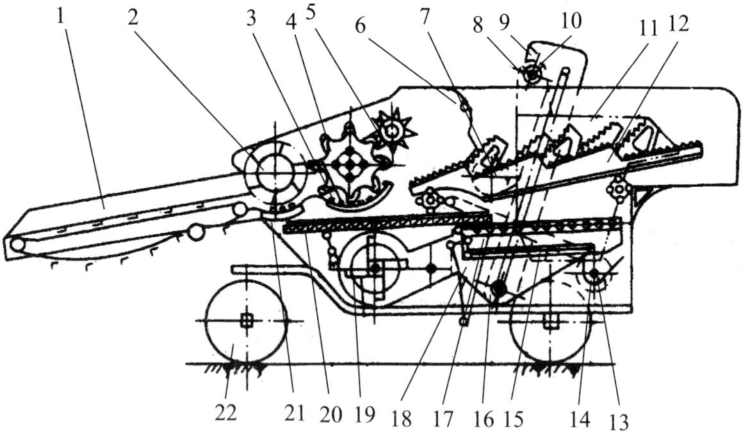

图4－1　双滚筒复式脱粒机

1. 输送装置　2. 第一滚筒　3. 第二凹板　4. 第二滚筒　5. 逐稿轮　6. 挡草帘　7. 第二风扇　8. 除芒器　9. 升运器　10. 除芒螺旋推运器　11. 第二清粮室　12. 逐稿器　13. 复脱器与输送器　14. 杂余螺旋推运器　15. 冲孔筛　16. 谷粒螺旋推运器　17. 鱼鳞筛　18. 第一清粮室　19. 第一风扇　20. 阶梯板　21. 第一凹板　22. 行走轮

杂余处理装置由复脱器、抛扔器和除芒器等组成。

行走装置及机架机架用来安装工作部件。4 个铁轮配置在机器两侧。在前轮轴上安装有牵引架。

工作过程:由人工将散堆的作物放到输送槽上,输送链将作物送入脱粒装置。经过两个滚筒脱粒后,长茎秆在逐稿轮和逐稿器的作用下,被抛出机外。从凹板孔隙中落下的以及由逐稿器分离出来的籽粒及其他小杂余混合物,都落到阶梯板上,然后进入第一清粮室进行清选。清选后从清选筛孔落下的谷粒,由推运器和升运器送至除芒器除芒后,进入第二清粮室(不需除芒时可直接进入第二清粮室),进行再次清选并分级,然后从出粮口流出。经清选出的杂余,轻的被风扇吹出机外,断穗等大杂余则从筛尾落入杂余推运器,送往复脱器,复脱后被抛扔器送回阶梯板,再次进行清选。

工作流程可用方框图表示,如图 4 - 2 所示。

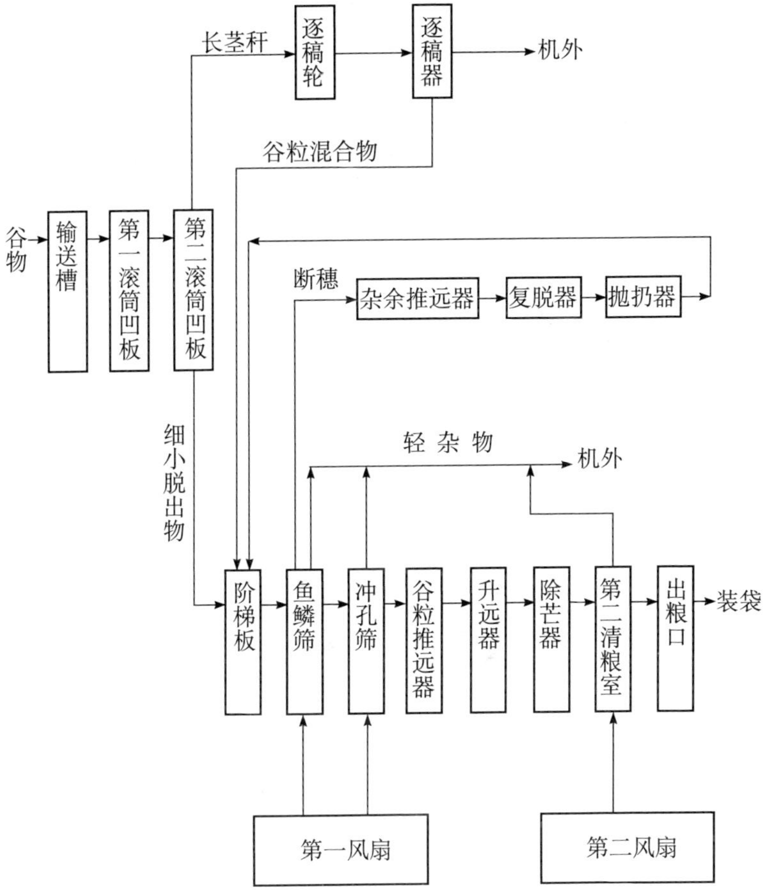

图 4 - 2　双滚筒复式脱粒机工作过程方框图

(二)5TZ - 100B 型轴流式脱粒机

是一种以脱稻麦为主,兼脱其他作物的脱粒机,如图 4 - 3 所示。谷物从喂入台喂入脱粒装置,在滚筒杆齿和上盖导向板的共同作用下,沿凹板从喂入口向排草口轴向螺旋脱粒,脱下的籽粒经栅格凹板筛分离；长茎秆不断抖动分离夹带的谷粒后，经排草板从排草口排出。脱下的谷粒、颖壳、短茎秆等通过凹板落到振动筛面上，随着筛面的振动和风扇气流的清选，谷粒经筛孔落入水平搅龙，被推送至叶轮抛射器。抛射叶轮将谷粒从抛射筒抛出机外。颖壳、短茎秆等从排杂口排出。

该机的特点是不设专门的分离装置，利用谷物在脱粒装置中脱粒时间较长，在较低的滚筒转速和较大的脱粒间隙条件下，用凹板筛直接分离籽粒。

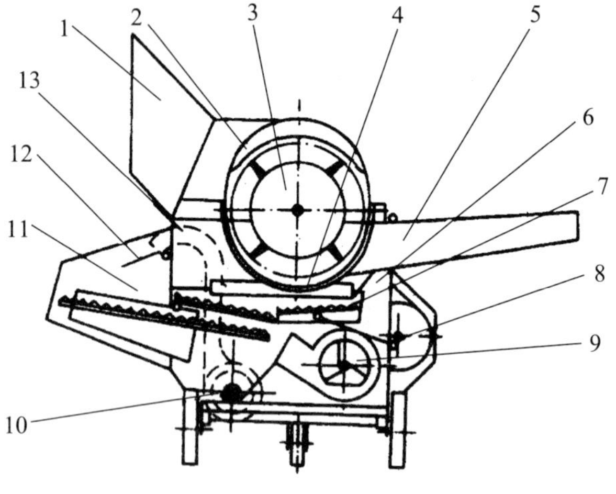

图 4－3　5TZ－100B 型轴流式脱粒机

1. 排草口　2. 导向板　3. 杆齿滚筒　4. 凹板筛　5. 喂入台　6. 机架　7. 振动筛　8. 偏心轮　9. 风扇　10. 谷粒搅龙　11. 排杂口　12. 调节滑板　13. 谷粒抛射器

（三）TDG－400 型半喂入脱粒机

该机以脱水稻为主，兼脱小麦，功率消耗比全喂入式要小，并能保持茎秆完整。主要由夹持喂入链、主滚筒、副滚筒、主滚筒筛、副滚筒筛、风扇、籽粒推运器（又称籽粒搅龙）、扬谷器等组成，如图 4－4 所示。

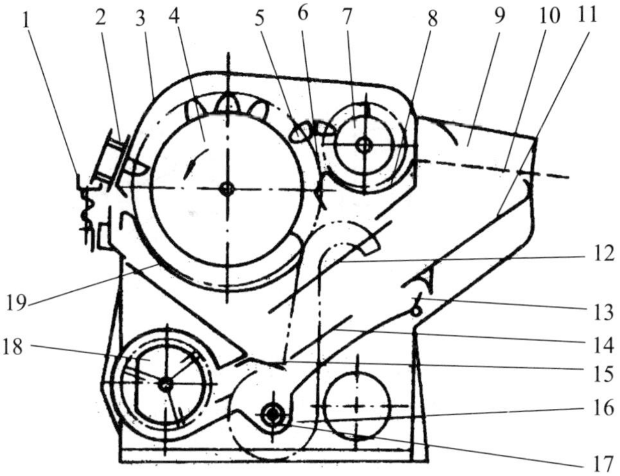

图 4－4　TDG－400 型半喂入脱粒机

1. 夹持台　2. 夹持链　3. 滚筒盖　4. 滚筒　5. 切刀　6. 延长筛　7. 副滚筒　8. 副滚筒筛　9. 集尘斗　10. 振动线筛　11. 谷粒回送　12. 振动滑板　13. 次粒口　14. 中滑板　15. 固定线筛　16. 扬谷器　17. 谷粒推运器　18. 风扇　19. 滚筒筛(凹板筛,编织筛)

脱粒时,将作物整齐地搬上作物铺放台,穗头朝向滚筒均匀地喂入夹持链与夹持台之间。禾把随着链条移动,穗头被带入滚筒内腔,在滚筒齿的连续梳刷和冲击下脱粒干净,脱净后的茎秆从机体右侧排出。脱下来的籽粒及短小禾屑、杂质等由滚筒筛和副滚筒筛筛孔下落,在下落过程中,受到风扇的清选作用,次粒从次粒口吹出,轻杂物、禾屑、尘土等则由集尘斗排出机外,只有净粒落到籽粒推运器内,经净粒喷射筒输出。不能通过滚筒筛和副滚筒筛的长禾屑,由副滚筒排尘口排出机外,部分夹杂籽粒经振动线筛分离后,落到机体内再次清选分离。

(四)TY－4.5 型玉米脱粒机

该机专用于对晾干后的玉米果穗进行脱粒,如图 4－5 所示。

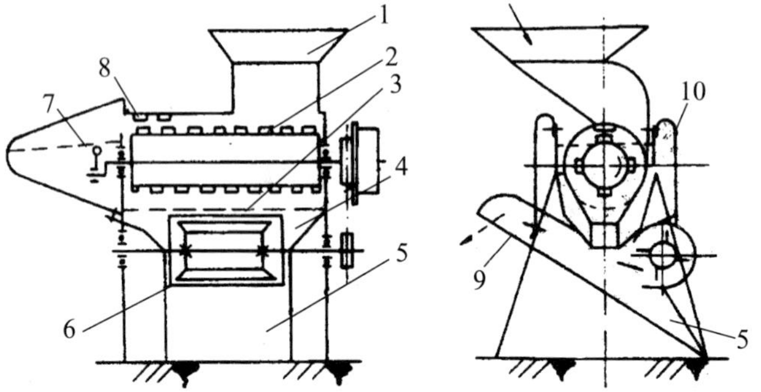

图4－5　玉米脱粒机

1. 喂入斗　2. 滚筒　3. 凹板　4. 滑板　5. 出粮口　6. 风机　7. 振动筛　8. 螺旋导板　9. 出糠口　10. 弹性振动杆

工作时，人工将玉米果穗从喂入斗喂入，经滚筒和凹板脱粒。脱出物通过凹板孔由风机气流清选，轻杂质经出糠口吹出，玉米粒沿出粮口送出，玉米芯借助螺旋导板排到振动筛上，混杂在其中的玉米粒从振动筛孔漏到出粮口，玉米芯从振动筛上排出机外。

三、脱粒机的主要工作装置

（一）脱粒装置

1. 脱粒方法

现有脱粒机所采用的脱粒装置多为滚筒式，其所用的脱粒方法有以下几种。

（1）冲击脱粒由具有一定速度的脱粒元件对谷物进行冲击而使谷粒脱落。如钉齿或板齿滚筒主要利用冲击原理进行脱粒。

（2）揉搓脱粒由谷物与脱粒元件之间的摩擦以及谷粒相互间的摩擦而使谷粒脱落。如纹杆滚筒主要利用这种原理脱粒。

（3）梳刷脱粒由脱粒元件对谷粒施加拉力，破坏谷粒与穗轴的自然联结力而使谷粒脱落。如弓齿滚筒主要利用这种原理脱粒。

（4）碾压脱粒由脱粒元件对谷穗挤压而使谷粒脱落。如石滚子压场就属这种脱粒原理。

在现有的脱粒装置中，通常是以上述脱粒方式的一种为主，其他为辅，而加以综合利用，以便得到更好的脱粒效果。

2. 常用脱粒装置的类型

（1）纹杆式脱粒装置。由纹杆滚筒及栅状凹板组成，如图 4－6 所示。滚筒上一般装有 6 根或 8 根纹杆，左、右纹杆交错安装在辐盘上，以防工作中谷物向滚筒一端偏移。

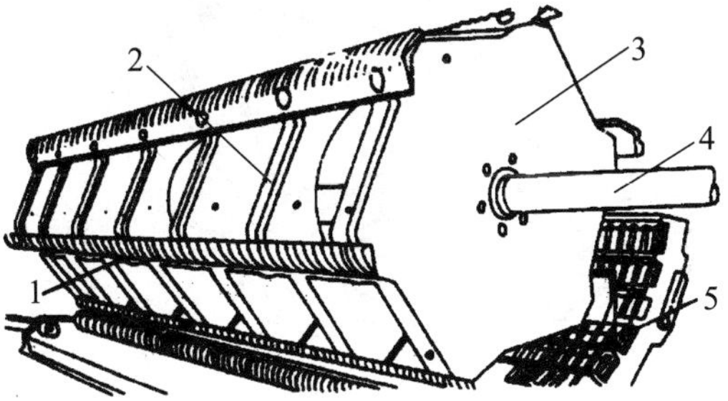

图 4－6　纹杆滚筒与凹板

1. 纹杆　2. 中间固定环　3. 辐盘　4. 滚筒轴　5. 凹板

栅格状凹板与滚筒有一定间隙，称脱粒间隙。谷物通过此间隙时，受纹杆的打击、揉搓和挤压作用而脱粒。纹杆式脱粒装置适合于脱小麦，对水稻和潮湿谷物的适应性较差。

（2）钉齿式脱粒装置。由钉齿滚筒和钉齿凹板组成，如图 4－7 所示。钉齿的端部略向后弯，呈螺旋线排列。滚筒钉齿与凹板钉齿的侧面间隙称脱粒间隙，如图 4－8 所示。

钉齿式脱粒装置靠钉齿对谷物的猛烈冲击和谷物在脱粒间隙中受到摩擦、挤压作用而脱粒。适用于高粱等作物的脱粒。

（3）弓齿式脱粒装置。如图 4－9 所示。弓齿按螺旋线排列在滚筒体上。滚筒体上各部位的弓形齿分为脱粒齿、加强齿和梳整齿 3 种，一般用直径为 5～6 毫米的弹簧钢丝制成。梳整齿齿顶圆弧较大，主要起梳整谷穗和导向作用，安装在喂入口处；脱粒齿齿顶圆弧最小，脱粒作用最强，安装在滚筒末端。加强齿顶圆弧介于

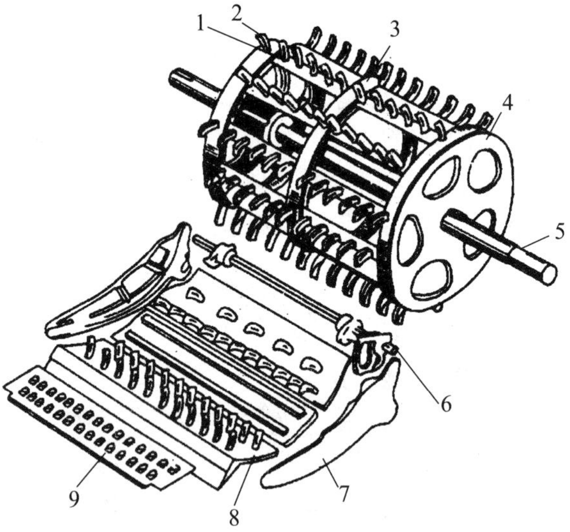

图 4－7　钉齿滚筒与凹板

1. 钉齿滚筒　2. 凹板钉齿　3. 幅盘　4. 滚筒轴　5. 凹板调节机构
6. 脱粒间隙　7. 侧板　8. 钉齿凹板　9. 漏粒格

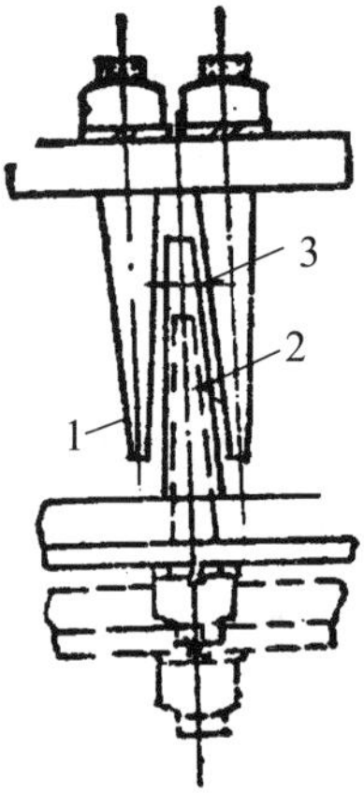

图 4－8　钉齿式脱粒装置的脱粒间隙

1. 齿杆　2. 钉齿　3. 支承圈

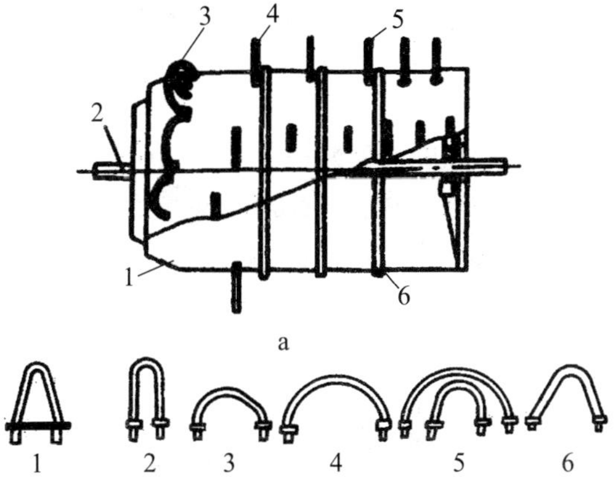

图4-9　弓齿式滚筒与弓齿

a. 弓齿式滚筒

1. 滚筒体　2. 滚筒轴　3. 梳整齿　4. 加强齿　5. 脱粒齿　6. 加强筋

b. 弓齿

1、2. 脱粒齿　3. 第一梳整齿　4. 第二梳整齿　5. 第三梳整齿　6. 加强齿

二者之间,安装在滚筒中段。凹板是由铁丝编织成的网状筛。

工作时,作物沿滚筒的轴向移动,穗部受弓齿的冲击和梳刷作用而脱粒。弓齿式脱粒装置主要用于水稻脱粒机上。

(4)双滚筒脱粒装置。用单滚筒脱粒时,由于谷物成熟度不一致等原因,存在着脱净和碎粒的矛盾,往往是不成熟的谷粒还没有完全脱下,而成熟饱满的谷粒已破碎。为解决脱净与破碎的矛盾,有的收获机械采用双滚筒脱粒装置,如福田谷神-2型联合收获机等,第一滚筒为钉齿或板齿滚筒,滚筒转速较低,大部分易脱谷粒先脱下并分离出来;第二滚筒为轴流纹杆滚筒,转速较高,以便将难脱的谷粒脱下,保证了脱净而不碎粒。

(5)轴流滚筒式脱粒装置。轴流滚筒的特点是工作时谷物沿轴向做螺旋运动,因而脱粒时间长(约为2~3秒,切流滚筒仅为0.10~0.15秒),同时凹板长,包角大,在转速较低和脱粒间隙较大的情况下，也能达到脱净率高、破碎率低的效果，如谷神－2型联合收获机的第二滚筒和桂林－3型联合收获机均采用的是轴流滚筒。

轴流滚筒有锥形和圆柱形两种。图4－10为锥形轴流滚筒，横向喂入和排出，入口处直径较小，往后直径变大。图4－11为圆柱形杆齿式轴流滚筒，滚筒顶盖内设有螺旋状导板，工作时使被脱谷物沿轴向做螺旋运动。

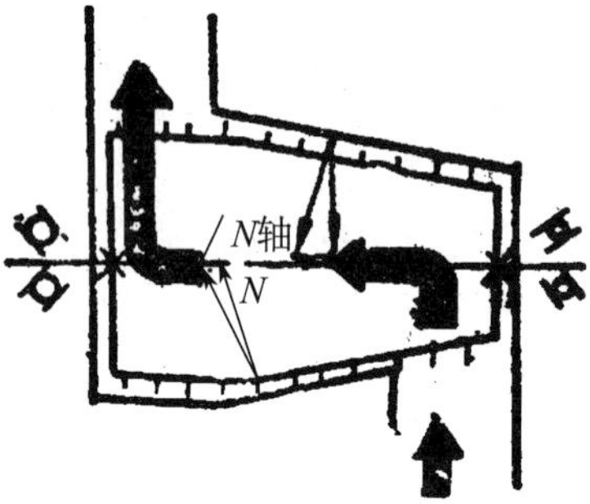

图4－10　锥形轴流滚筒

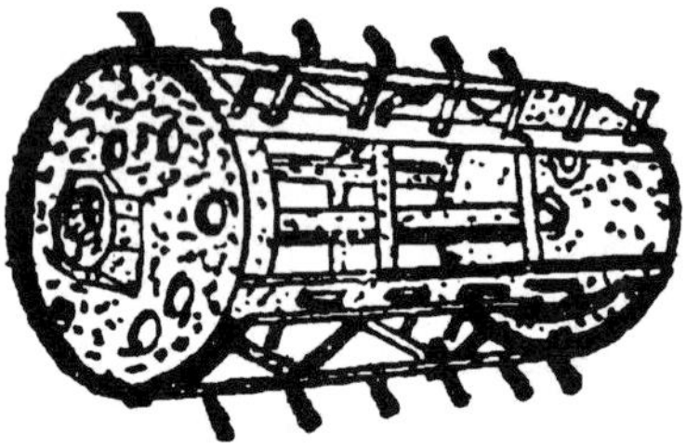

图4－11　圆柱形杆齿式轴流滚筒

3. 脱粒装置的主要调整

（1）滚筒转速的调整。滚筒转速高，脱粒强度大，但易造成碎粒；滚筒转速过低，籽粒脱不下来。应根据谷物的品种、成熟度及潮湿度来选择适宜的滚筒转速。滚筒转速的调整方法有更换皮带轮或采用三角皮带无级变速。

(2)脱粒间隙的调整。脱粒间隙大,易产生脱粒不净现象;脱粒间隙过小,易使籽粒和茎秆破碎,增加功率消耗。脱粒间隙应根据作物的品种,干、湿程度进行调整。调整的方法一般是通过移动凹板,改变它与滚筒的相对位置来实现。凹板间隙的调整原则是:在满足脱净率要求的前提下,尽量采用大的脱粒间隙。

(3)滚筒静平衡的检查与调整。滚筒的转速较高,若因换修滚筒上的脱粒元件等而造成滚筒重心偏移,在旋转时,滚筒就会产生很大的离心力,引起机器振动并加速轴承磨损,降低机器寿命,甚至造成事故。因此,在滚筒进行拆卸修理后要检查动静平衡。动平衡检查较复杂,需在动平衡试验机上进行,用户无法进行测试,故一般只进行静平衡检查,并在调整静不平衡时,注意防止产生动不平衡。

静平衡的检查方法如图4-12所示,将滚筒两端放在支架的滚轮上,用手轻拨滚筒,如果滚筒转至任何位置都可停住,则说明滚筒是静平衡的。如果当滚筒停止转动时,总是某一固定位置在下方,说明滚筒静不平衡,必须在滚筒停摆位置的对面加配重,或在停摆位置处钻孔以减重,这种加重或减重必须在滚筒横向的中间位置进行,以避免产生动不平衡。如此重复检查,直到静平衡为止。

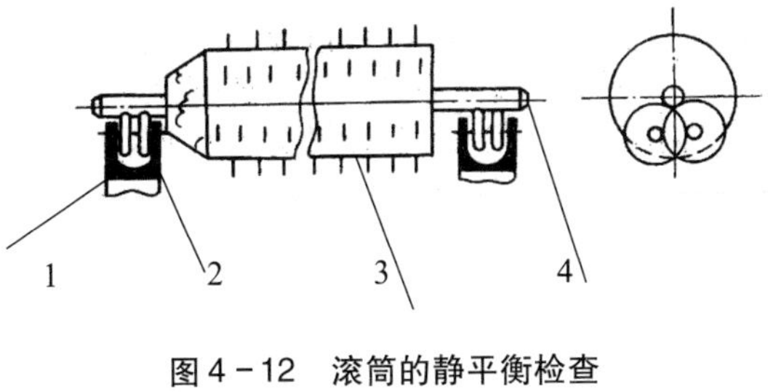

图4-12 滚筒的静平衡检查

1. 支架 2. 滚轮 3. 滚筒 4. 滚筒轴

（二）分离装置

其功用是将脱粒后长茎秆中夹带的谷粒和断穗分离出来，并将茎秆排出机外。分离装置的结构形式有键式、平台式和转轮式3种，前两种是利用抛扔原理进行分离，后一种是利用离心力原理进行分离。

1. 键式逐稿器

由几个互相平行的键箱组成，按键数分有三键、四键、五键和六键等几种，以双轴四键式应用最广，如图4－13所示。键箱做平面运动，将其上的滚筒脱出物不断地抖动和抛扔，达到分离的目的。逐稿器的前上方安有薄钢板制成的逐稿轮，作用是把滚筒脱出的茎秆抛送到逐稿器上方进行分离，防止滚筒缠草堵塞。挡帘装在逐稿器的上方，作用是降低茎秆向后运送的速度，使茎秆中夹杂的谷粒能全部分离出来。键式逐稿器在复式脱粒机和联合收获机上应用广泛。

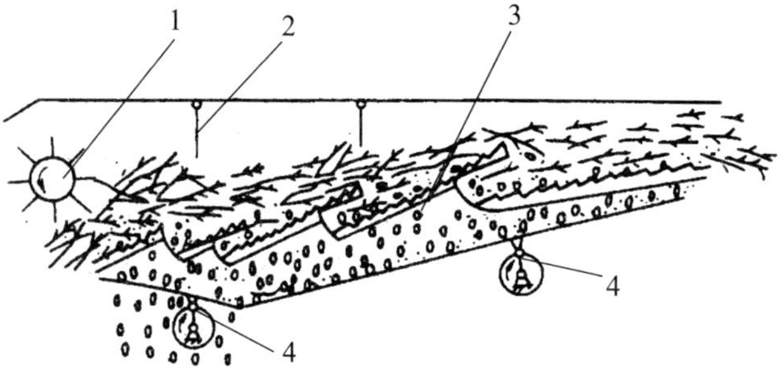

图4－13　键式逐稿器

1. 逐稿轮　2. 挡帘　3. 键箱　4. 曲轴

2. 平台式逐稿器

如图4－14所示，平台具有筛状表面，其运动近似直线往复运动，脱出物受到台面的抖动和抛扔而进行分离。该逐稿器结构简单，但分离能力较弱，一般用于茎秆层较薄的中小型半复式脱粒机上。

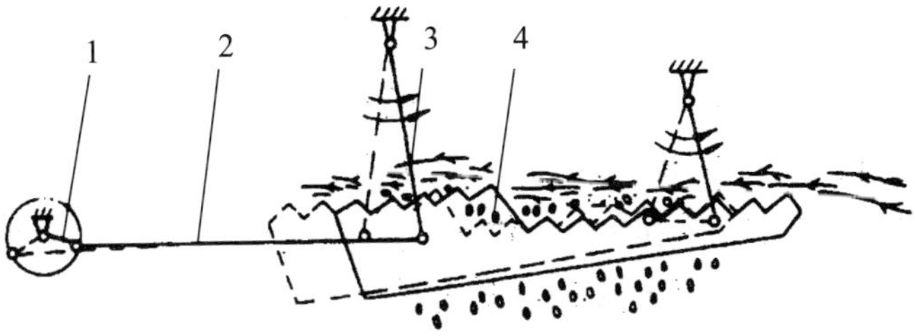

图 4－14　平台式逐稿器

1. 曲轴　2. 连杆　3. 吊杆　4. 平台

3. 转轮式分离装置

由分离轮和分离凹板组成，如图 4－15 所示。脱出物由轮齿抓入，谷粒在离心力作用下穿过凹板孔分离出来。转轮式分离装置有较强的分离能力，生产率高，对潮湿作物的适应性好，但易使茎秆破碎。

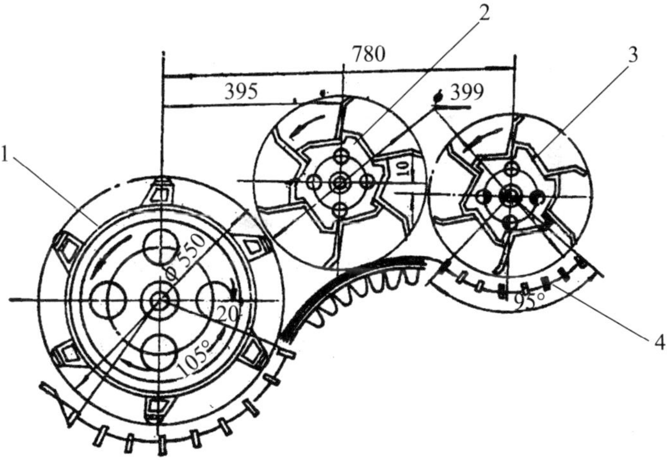

图 4－15　转轮式分离装置（单位：毫米）

1. 滚筒　2、3. 分离轮　4. 分离凹板

（三）清选装置

其功用是从来自凹板和逐稿器的短小脱出物中，清选出谷粒，回收未脱净的穗头，把颖壳、短茎秆等小杂余排出机外。目前，复式脱粒机和联合收获机上广泛应用的是风扇－筛子组合式清选装置。其结构如图4－16所示，它由阶梯板、上筛、下筛、尾筛和风扇等组成。风扇装在筛子的前下方，用以清除脱出物中较轻的混杂物；筛子可筛出较大的混杂物，并起支承和抖动脱出物、将脱出物摊成薄层的作用，延长了清选时间，加强了风扇气流清选的效果。

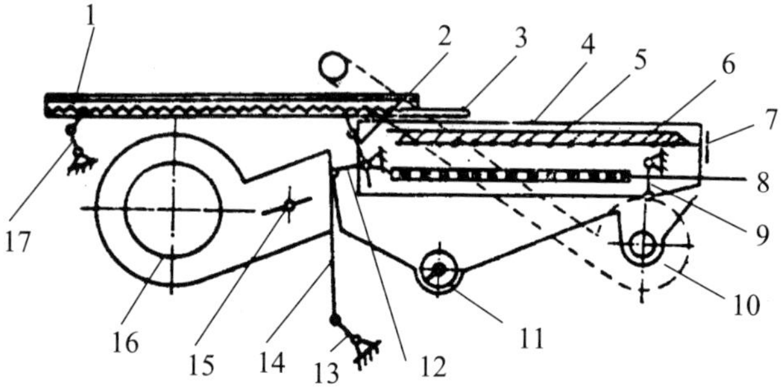

图4－16　风扇－筛子组合式清选装置

1. 阶梯板　2. 双臂摇杆　3. 梳齿筛　4. 筛箱　5. 上筛　6. 尾筛　7. 后挡板　8. 下筛　9. 摇杆　10. 杂余推运器　11. 谷粒推运器　12. 驱动臂　13. 曲柄　14. 连杆　15. 导风板　16. 风扇　17. 支撑摇杆

工作时，阶梯板和筛子作往复运动，阶梯板把从凹板和逐稿器上分离出来的谷粒和杂物向后输送，阶梯板末端有梳齿筛，把杂余中较长的茎秆架起，使谷粒先落下，以提高清选效果。筛子分两层，上筛起粗筛作用，多用鱼鳞筛；下筛起精筛作用，可用冲孔筛或鱼鳞筛。筛子在风扇气流配合下，将谷粒分离出来，由谷粒推运器送走；轻杂物被吹出机外；大杂物送到尾筛，尾筛为大长孔筛或较大开度的鱼鳞筛，以便分离出断穗，杂余推运器将断穗送回滚筒或复脱器进行再次脱粒。

清选装置中筛子的开度和倾角、风量和风向一般都可调整。

调整的原则是在保证谷粒不被吹走的前提下，风量尽量放大；上筛开度应大于下筛开度；气流方向应使筛子前端风速较高，向后逐渐减低，使筛子前部的脱出物被吹散，以利于将杂质吹走而又不把谷粒吹出机外。

（四）输送装置

用来输送谷物、脱出物、谷粒和茎秆等。常用的有带式、链板式、螺旋式、刮板式、抛扔式和夹持链式等输送装置。

1. 带式和链板式输送器

用来输送谷物，如图 4－17、图 4－18 所示，带式输送器由帆布带加木板条组成，由传动辊传动。链板式输送器由链条和装在链条上的木条或铁板条组成，由链轮驱动。为保证帆布带和输送链的松紧度，一般被动轴（辊）的位置可调。

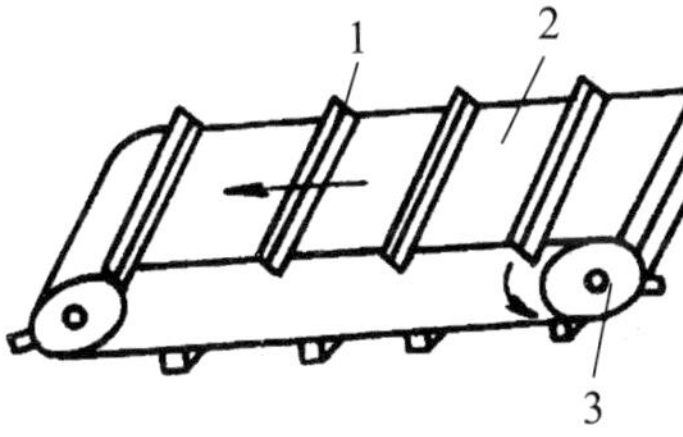

图 4－17　带式输送器

1. 木条　2. 帆布带　3. 传动辊

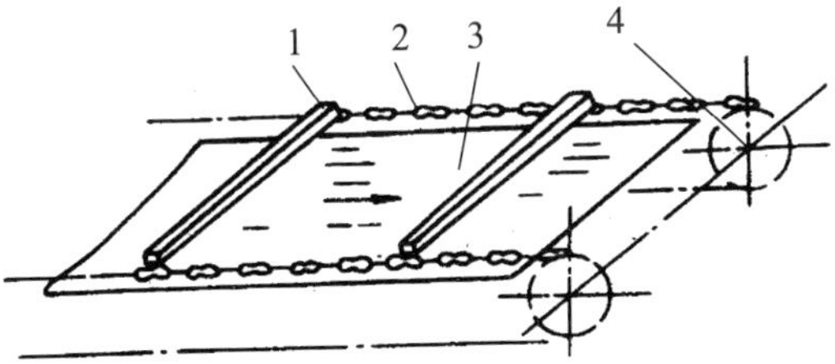

图 4－18　链板式输送器

1. 木条　2. 链条　3. 底板　4. 链轮

2. 螺旋输送器

又称螺旋推运器或搅龙。由轴、螺旋叶片、轴承和封闭式外壳等组成,如图4－19所示。螺旋叶片焊在轴上,有左旋和右旋之分,旋向不同,物料输送方向也不同。也有的左、右旋并用,以便把物料自两端向中间集中。推运器工作时易堵塞,常设有自动离合器,以便堵塞时自动切断动力,起保护作用。

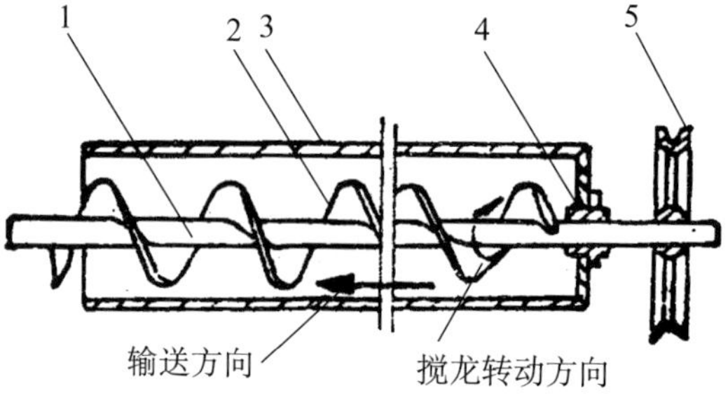

图4－19 螺旋输送器

1. 轴 2. 螺旋叶片 3. 外壳 4. 轴承 5. 驱动皮带轮

螺旋输送器可用于水平、倾斜或垂直输送,可输送谷粒、杂余和茎秆等,也可进行搅拌和压缩工作。

3. 刮板式输送器

用于向高处输送谷粒和杂余。如图4－20所示,主要由链条、刮板、链轮、外壳和中间隔板等组成。为保证链条紧度,被动轴位置可用调整螺栓进行调整。工作时,链条回转,刮板将物料由下向上刮运,到顶端转弯处卸出。

4. 抛扔器

又称扬谷器,利用叶轮高速回转的离心力将物料抛送,通常装在中、小型脱粒机和联合收获机上。它具有结构简单,重量轻,造价低的优点,但升运高度受限制。

5. 夹持链式输送装置

它装在半喂入式脱粒机和半喂入式联合收获机上。如图

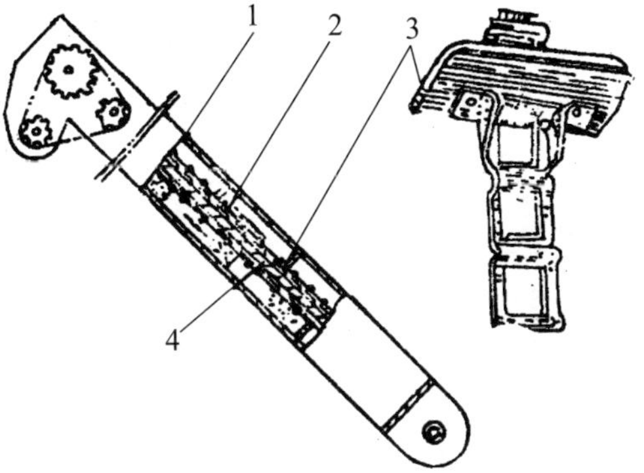

图4－20　刮板式输送器

1. 外壳　2. 链条　3. 刮板　4. 隔板

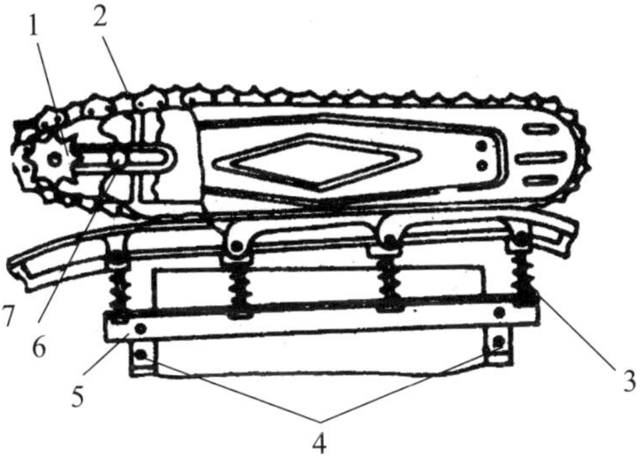

图4－21　夹持链式输送装置

1. 张紧轮　2. 夹持链　3. 压紧弹簧　4. 夹持架调节孔　5. 夹持架　6. 张紧轮调节螺钉　7. 夹持压杆

4－21所示，主要由夹持链、压紧弹簧、夹持架和调节机构等组成。

工作时，由链齿将禾秆输送并压紧在夹持架上，以免被滚筒带入。夹紧链的松紧度和夹持的上下位置均可调节，以改变它们对禾秆的夹紧程度。压紧弹簧有缓冲的作用，以适应不同大小的禾秆。

第五章　脱粒机的使用与维修

一、脱粒机的准备

1. 主要技术状态检查

（1）滚筒脱粒元件（纹杆，钉齿，弓齿等）和凹板应完整无损，不变形，不松动。

（2）滚筒轴无轴向窜动。

（3）升运器的链条、皮带紧度应合适，升运器应严密无开裂，以防漏撒谷粒。

（4）全部筛子及连接部件应紧固，筛面干净，筛子无堵塞。

（5）风扇在轴上应紧固不松动，无轴向窜动，风扇调节机构应灵活有效。

（6）传动链条、皮带紧度应合适。

（7）各处轴承间隙应合适，润滑良好。

2. 放置

脱粒机要顺风布置，使茎秆、颖壳等能顺风排出；脱粒机要保持水平，固定牢靠，使其在工作时平稳不动。

3. 正确调整

（1）按说明书规定，根据作物情况，调整合适的滚筒转速。同一作物的脱粒性能受作物品种、成熟度和湿度等影响，脱粒速度有一定变化范围。难脱、湿度大的作物用较高的转速，反之，用较低转速，以脱净不碎粒为原则。调整时还应与脱粒间隙相配合。

（2）按说明书规定，根据作物情况，调整脱粒滚筒的脱粒间隙。脱粒间隙应根据作物干湿情况、脱粒质量等随时进行调整。调整的原则是在脱净的前提下，尽量采用较大的间隙，以减少籽粒破碎和功率消耗。调整时应注意使滚筒两侧的间隙一致，以免影响脱粒质量。

(3)根据作物情况选用合适的清选筛和调整筛孔、风量、风向等。

4. 试脱

(1)试脱前先用手转动传动轮，使脱粒机运转，检查各工作部件和传动机构是否正常，确认无阻滞、碰撞和异声时，才可挂上皮带由动力机带动空转，由低速逐渐增加到正常转速。

(2)空转过程中，检查脱粒机各工作部件运转是否正常、轴承有无发热、固定螺栓有无松动等。正式脱粒过程中，还需经常检查，以免发生事故。

(3)试脱过程中要检查和调整脱粒质量，直到脱粒质量符合要求并稳定后才可正式脱粒。

二、脱粒机操作要点

1. 正确喂入

(1)脱粒开始时，待脱粒机达到正常转速后才能喂入。停止脱粒前，要先停止喂入，待所脱的谷粒排尽后再停止运转。

(2)喂入要做到连续、均匀和满负荷，这对保证脱粒质量、提高生产率极为重要。喂入量过多，造成脱粒不净，甚至使滚筒堵塞；喂入量过少，也不易脱净，且使生产率降低。

(3)弓齿式半喂入脱粒机，应适当控制喂入深度。过深易堵塞滚筒，过浅则脱不净。

(4)喂入时要严防谷物中混进石头、螺栓等坚硬物，以免损坏机器或造成人身事故。

2. 工作中应注意观察机器工作情况

注意回转是否平稳、有无异声和气味、轴承是否发热等，发现问题应停车检查。应经常检查脱粒机脱净情况、谷粒清洁和破碎情况等，有问题及时采取相应措施。

3. 按规定进行技术保养

每班作业结束后，应清除机器内外的积存脏物，按照使用说明书的要求进行检查及保养。

三、脱粒机的安全生产

(1)脱谷场应通风良好,备足防火用品,场内严禁吸烟和用明火。

(2)脱粒机的操作人员要掌握安全操作方法。

(3)作业机组的传动部分应装上防护罩。

(4)机器运转时,不准挂皮带、注油、清理和排除故障。发现皮带跑偏时,应重新对正皮带轮中心,不能用木棒或铁棍硬性阻挡。

(5)发现滚筒、逐稿器和搅龙等堵塞时,应迅速停车清理,不准在传动状态下进行清理。发现轴承烫手(超过 60℃)、电机冒烟(超过 70℃)或发动机转速急剧下降时,应立即停车排除故障。

四、脱粒机的保管

作业季节结束后,机器要停放很长时间,在这期间要保管好机器,防止出现变形、生锈、橡胶老化等现象。

五、脱粒机常见故障与排除

脱粒机常见故障与排除方法见下表。

表　脱粒机常见故障与排除方法

故障现象	故障原因	排除方法
脱粒不净	1. 滚筒转速低 2. 滚筒的脱粒间隙大 3. 作物潮湿	1. 适当调高滚筒转速 2. 适当调小脱粒间隙,并保证滚筒两端的脱粒间隙一致 3. 待作物晾干或烘干后再脱粒
破碎粒过多	1. 滚筒的脱粒间隙小 2. 滚筒转速高	1. 适当调大脱粒间隙,并保证滚筒两端的脱粒间隙一致 2. 适当调低滚筒转速
排出的茎秆中夹带谷粒	1. 喂入量过多 2. 作物潮湿 3. 风扇风量过大	1. 适当减小喂入量,并保证喂入均匀 2. 待作物晾干或烘干后再脱粒 3. 适当调低风扇转速
谷粒中含有较多颖壳	1. 筛孔的间隙过大 2. 风扇的风量过小	1. 适当调小筛孔间隙,不使颖壳落到谷粒中 2. 在不吹出谷粒的前提下,尽量用高的风扇转速

第六章　谷物联合收获机的结构与工作

谷物联合收获机是将收割机和脱粒机，用输送装置相连接，能够在田间一次完成收割、脱粒、分离和清选等项作业。

谷物联合收获机按照谷物的喂入方式，可分为全喂入式、半喂入式和摘穗式；按照与动力机的连接形式，可分为牵引式、悬挂式和自走式；按照喂入量的多少，分为大型、中型和小型。

大型联合收获机喂入量在5千克/秒或割幅在3米以上；

中型联合收获机喂入量在3～5千克/秒或割幅在2～3米；

小型联合收获机喂入量小于3千克/秒或割幅在2米以下。

大型自走式联合收获机主要用于大地块的谷物收获。中小型自走式和悬挂式联合收获机行走灵活，主要用于中小地块的谷物收获作业。

为了提高联合收获机的利用率，有稻麦通用联合收获机，在收小麦时用纹杆式脱粒滚筒，收获水稻时换用钉齿式脱粒滚筒，如JL1076型谷物联合收获机。

一、JL1076型谷物联合收获机的结构与工作

JL1076型谷物联合收获机，属大型自走式联合收获机，结构如图6－1所示。该机以收获小麦为主，可兼收水稻、大豆等作物。该机生产率高，适合于大地块作业，主要技术数据如表6－1所示。

表6－1　JL1076型谷物联合收获机主要技术数据

割幅（毫米）	4 570或5 340
喂入量（千克/秒）	7.0（小麦）
损失率	≤1.5%（小麦）
籽粒破碎率	≤1.0%（小麦）
含杂率	≤2.0%（小麦）
脱粒滚筒	纹杆式或钉齿式
脱粒滚筒直径（毫米）	610

（续表）

割幅（毫米）	4 570 或 5 340
脱粒滚筒宽度（毫米）	1 280
凹板形式	栅格式
逐稿器形式	键式
逐稿器数量（个）	5
逐稿器长度（毫米）	2 940
逐稿器面积（平方米）	5. 38
清选装置形式	风扇 - 筛子组合式
清选面积（平方米）	4. 3
粮箱容积（升）	4 600
发动机型号	6068TYC50
发动机厂家	约翰·迪尔公司
发动机功率（马力/千瓦）	159/117
整机质量（千克）	7 190（不带割台不含切碎器）
行走形式	轮式或半链轨
行走速度（千米/小时）	1. 05 ~ 19. 7（前进挡），2. 4 ~ 5. 55（倒退挡）
驱动轮轮距（米）	2. 8
转向轮轮距（米）	2. 57

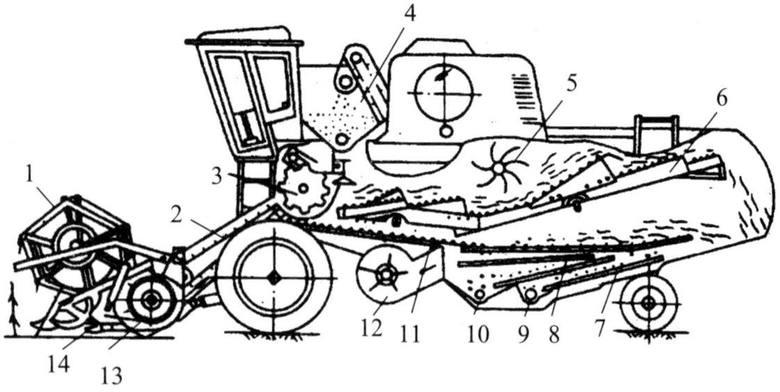

图 6 - 1　JLl076 型谷物联合收获机示意图

1. 拨禾轮　2. 倾斜输送器　3. 滚筒　4. 粮箱　5. 横向逐稿轮　6. 键式逐稿器　7. 滑板　8. 筛子　9. 杂余螺旋推运器　10. 谷物螺旋推运器 11. 抖动板　12. 风扇　13. 割台输运器　14. 切割器

（一）结构

主要由收割台、脱粒部分、发动机、底盘、传动系统、液压系统、电气系统和操纵系统等组成。

（1）收割台由偏心弹齿式拨禾轮、切割器、割台螺旋推运器（又称喂入搅龙）、链耙式倾斜输送器（俗称过桥）和割台等组成。

（2）脱粒部分由脱粒装置、分离装置、清选装置、杂余处理装置和粮仓等组成。

脱粒装置：脱小麦时用纹杆式，脱水稻时用钉齿式。

分离装置：采用双轴五键式逐稿器，在其上方装有横向抖草器。

清选装置：采用风扇－筛子组合式。筛子分为上筛、尾筛和下筛，都采用鱼鳞筛，其开度各由一个手柄分别调整。风扇为五叶片蜗壳式，其转速可通过调节手柄、杠杆和拨叉，改变无级变速皮带轮直径来实现。

杂余处理装置：该机不设单独的复脱器，杂余经杂余推运器和杂余分配搅龙送往脱粒滚筒进行再次脱粒。

（3）发动机是联合收获机工作和行走的动力。

（4）底盘主要由行走离合器、无级变速器、齿轮变速箱、前桥、后桥和行走轮等组成。前轮为驱动轮，后轮为导向轮。

（5）传动系统由皮带、皮带轮、链条、链轮和离合器等组成，布置在机器两侧，把发动机的动力传给行走和工作部件。

（6）液压系统由油箱、油泵、分配器、液压方向机、油缸和管路等组成，用来完成工作部件的调整、行走无级变速和转向操纵。

（7）电气系统由蓄电池、启动装置、照明设备、信号装置和监视装置等组成，用来启动发动机、夜间照明、监视和指示工作情况。

(8)操纵系统配置在驾驶台上，由操向盘、操纵手柄、配电盘、仪表盘等组成，用来操纵、控制机器的行走和工作。

(二)工作过程

工作时，作物在拨禾轮的扶持作用下，被切割器切割。割下的作物在拨禾轮的铺放作用下，倒在收割台上，割台螺旋推运器将作物从两侧向割台中部集中，伸缩扒指将作物送到倾斜输送器，若有石块或坚硬物，则落入滚筒前的集石槽内。作物进入脱粒装置，在滚筒和凹板的作用下脱粒。大部分脱出物(谷粒、颖壳、短碎茎秆)经凹板栅格孔落到阶梯抖动板上；茎秆在逐稿轮的作用下被抛送到键式逐稿器上，经键式逐稿器和横向抖草器的翻动，使茎秆中夹带的谷粒分离出来，经键箱底部滑到抖动板上；键面上的长茎秆被排出机外或被粉碎器切断，由抛撒器抛撒于地面。落在抖动板上的脱出物，在向后移动的过程中，颖壳和碎茎秆浮在上层，谷粒沉在下面。脱出物经过抖动板尾部的梳齿筛，又被蓬松分离，进入清粮筛，在筛子的抖动和风扇气流的作用下，将大部分颖壳、碎茎秆等吹出机外。未脱净的穗头经尾筛落入杂余推运器，经升运器进入脱粒装置进行再一次脱粒，即复脱。通过清粮筛筛孔的谷粒，由谷粒推运器和升运器送入粮箱。粮箱装满后，经卸粮装置卸出。

JL1076 型谷物联合收获机的工作流程可用工作框图表示，如图 6-2 所示。

二、福田谷神系列稻麦联合收获机的结构与工作

福田谷神系列联合收割机的作业性能，安全性能和可靠性能均达到或优于国家规定的标准，并获得农业部颁发的《农业机械推

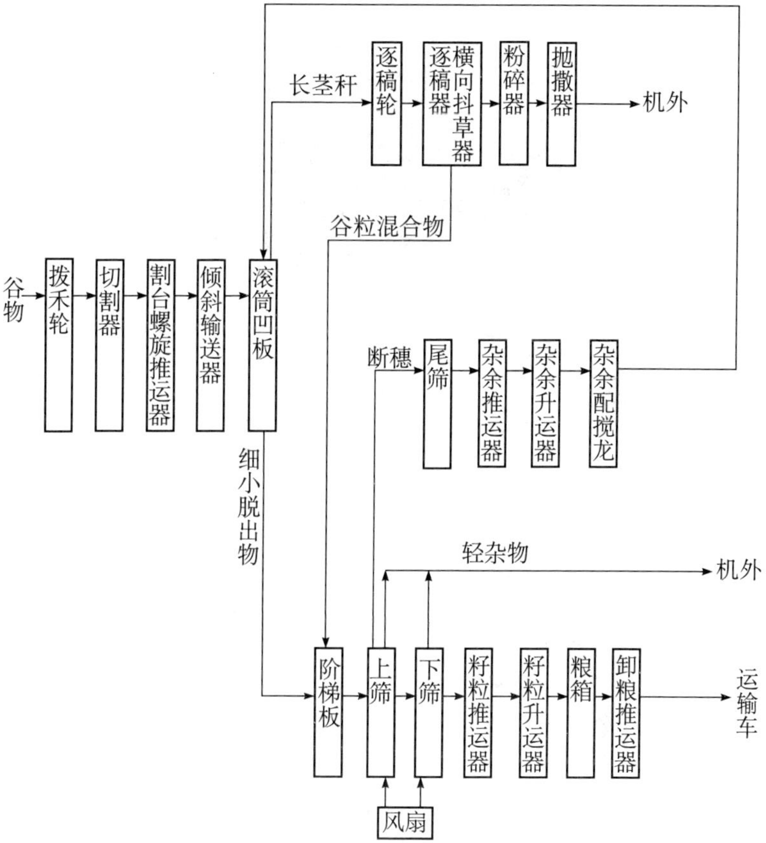

图 6－2　JL1076 型谷物联合收获机工作过程框图

广许可证》。

该机结构如图 6－3 所示，由福田雷沃国际重工股份有限公司生产，采用两个脱粒滚筒（第一脱粒滚筒为板齿式，第二脱粒滚筒为轴流纹杆式），以收获小麦为主，也可收获水稻，适应中小地块作业。

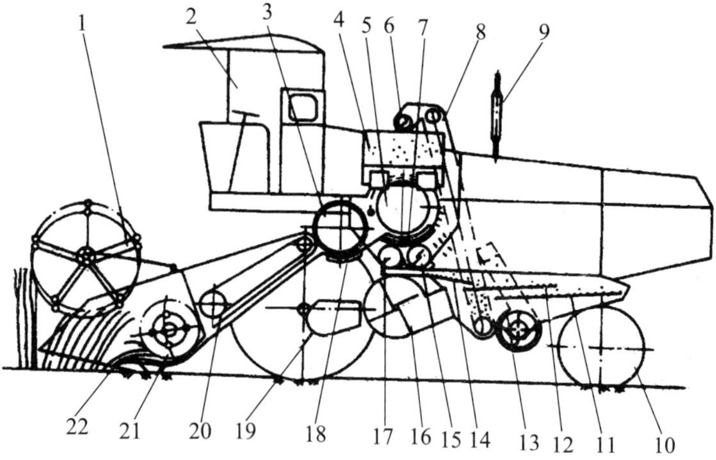

图 6－3　福田谷神 4LZ－2 型自走式稻麦联合收获机

1. 拨禾轮　2. 驾驶台　3. 板齿滚筒　4. 粮箱　5. 轴流滚筒　6. 卸粮搅龙　7. 凹板　8. 籽粒升运器　9. 发动机　10. 后轮　11. 下筛　12. 上筛　13. 复脱器　14. 抖动器　15. 第二分配搅龙　16. 离心风扇　17. 第一分配搅龙　18. 板齿滚筒凹板　19. 前桥　20. 倾斜输送器　21. 割台输送器　22. 切割器

该机采用了切流和轴流式双滚筒脱粒装置。第一滚筒为板齿式滚筒，抓取作物能力强；第二滚筒为轴流纹杆式滚筒，可对第一滚筒排出的脱出物进行多次搓擦，确保脱粒干净。由于采用轴流滚筒，茎秆中的籽粒在脱粒的同时就与稿草全部分离，稿草由第二滚筒排出机外，省去了尺寸较大的逐稿器，使整机尺寸减小。

雷沃谷神4LZ－2型自走式联合收获机的主要技术规格如表6－2所示。

表6－2　雷沃谷神4LZ－2型自走式联合收获机的主要技术规格

割幅(毫米)	2 130或2 200、2 360、2 600
喂入量(千克/秒)	2.0
损失率	≤1.5%
籽粒破碎率	≤2.0%
含杂率	≤2.0%
最小离地间隙(毫米)	250
拨禾轮直径(毫米)	1 000
拨禾轮转速(转/分)	22～36(无级变速)
割刀行程(毫米)	76.2
喂入搅龙直径(毫米)	500
喂入搅龙转速(转/分)	152
板齿脱粒滚筒直径(毫米)	500
轴流脱粒滚筒直径(毫米)	550
脱粒间隙(毫米)	入口:20 出口:5、10、15、20
板齿脱粒滚筒转速(转/分)	467、570、607、657、741、855、814、1 045(有级变速)
轴流脱粒滚筒转速(转/分)	805、1 045(有级变速)
清选装置型式	风扇－筛子组合式
上筛面积(平方米)	0.58,0.62
下筛面积(平方米)	0.79,0.99,1.02
风扇叶轮直径(毫米)、转速(转/分)	442、可调
复脱器叶轮直径(毫米)、转速(转/分)	334、1 367
粮箱容积(升)	1 300～1 800
发动机型号、功率(千瓦)	4JR3柴油机、4105柴油机、1004－4柴油机、4108柴油机、56～61
发动机转速(转/分)	2 200
柴油箱容积(升)	76,165,235
驱动轮胎型号、气压(兆帕)	15－24、0.18～0.20
转向轮胎型号、气压(兆帕)	10－15、0.18～0.20
驱动轮轮距(毫米)	1 640,1 700

（续表）

割幅（毫米）	2 130 或 2 200、2 360、2 600
转向轮轮距（毫米）	1 390，1 590
前后轮轴距（毫米）	2 600，2 800
1 挡速度（千米/小时）	1.84～4.06
2 挡速度（千米/小时）	4.42～9.79
3 挡速度（千米/小时）	11.86～20
倒挡速度（千米/小时）	3.94～8.74
蓄电池型号	6-Q-165
液压油箱容积（升）	32

（一）结构

该机由收割台、脱粒部分、发动机、底盘、传动系统、液压系统、电气系统和操纵系统等组成。

收割台位于收获机的正前方，与脱谷机体呈非对称“T”形配置，用于切割和输送作物。

脱粒部分包括脱粒装置、清选装置、复脱装置和籽粒输送装置。

发动机为柴油机。

（二）工作过程

机器的左、右、前、后，均是以人面向与机器前进方向一致来划分的。

工作过程：拨禾轮首先把谷物向后拨送并引向切割器，谷物被切割器割下后，继续被拨禾轮推向喂入搅龙。搅龙将割下的谷物从左右两端推集到割台中部的喂入口，由搅龙的伸缩扒指将谷物拨向倾斜输送器，经链耙送入板齿滚筒脱粒，然后切向抛入轴流滚筒，谷物在轴流滚筒和上盖导向板作用下从右向左螺旋运动，同时在纹杆和分离板作用下完成脱粒和分离，并且长茎秸秆被轴流滚筒左段分离板从排草口抛出去。从轴流滚筒凹板分离出的籽粒、颖糠、碎茎秆、杂余等滚筒脱出物分别由第一分配搅龙和第二分配搅龙推集到清选室入口，在抛送板作用下相继落到小抖动板上。物料在小抖动板振动下，由前向后跳跃运动，使物料分层，即籽粒下沉，颖糠和碎茎秆上浮。当跃到尾部栅条时，籽粒和颖糠从栅条缝隙落下，形成物料幕，在风扇气流作用下经风选落入筛箱不同部位，而碎秸秆杂余被栅条托着进一步分离。被分离物料进入清选室后，在风扇和筛子的交替作用下，籽粒从筛孔落下被籽粒搅龙向右推，经籽粒升运器和顶搅龙送入粮箱。除杂余外其他混合物被排出机体。未脱净的穗头经下筛后段杂余筛孔落入杂余搅龙，被推送到右端复脱器，经复脱后抛回上筛进行再筛选。

该机由于采用了轴流式脱粒滚筒，边脱粒边分离，省去了庞大的键式逐稿器，其结构显得比较紧凑。

三、铁牛希望星 4LZ－2A 型自走式联合收获机

该机由天津拖拉机制造有限公司生产，其结构与上述的雷沃谷神 4LZ－2 型自走式联合收获机相似。表 6－3 为铁牛希望星 4LZ－2A 型自走式联合收获机的技术规格。

表 6－3　铁牛希望星 4LZ－2A 型自走式联合收获机的技术规格

割幅（毫米）	2 130 或 2 360
喂入量（千克/秒）	2.0
损失率	≤1.5%
籽粒破碎率	≤2.0%
含杂率	≤2.0%
最小离地间隙（毫米）	250
整机质量（千克）	4 300
拨禾轮直径（毫米）	1 000
拨禾轮转速（转/分）	23～38（无级变速）
割刀行程（毫米）	76.2
喂入搅龙直径（毫米）	500
喂入搅龙转速（转/分）	159
板齿脱粒滚筒直径（毫米）	500
轴流脱粒滚筒直径（毫米）	550

（续表）

割幅（毫米）	2 130 或 2 360
脱粒间隙（毫米）	入口:20 出口:5、10、15、20
板齿脱粒滚筒转速（转/分）	454、555、594、640、726、783、837、1 023（有级变速）
轴流脱粒滚筒转速（转/分）	783、1 023（有级变速）
清选装置形式	风扇－筛子组合式
上筛面积（平方米）	0.576
下筛面积（平方米）双风道	0.792
下筛面积（平方米）单风道	0.99
风扇叶轮直径（毫米）、转速（转/分）	442、1 077
复脱器叶轮直径（毫米）、转速（转/分）	334、1 435
粮箱容积（升）	1 300～1 500
发动机型号、功率（千瓦）	4105 柴油机、48，4108 柴油机、56
发动机转速（转/分）	2 200
柴油箱容积（升）	130，200
驱动轮胎型号、气压（兆帕）	15－24、0.18～0.20
转向轮胎型号、气压（兆帕）	10－15、0.18～0.20
驱动轮轮距（毫米）	1 700
转向轮轮距（毫米）	1 400～1 600
前后轮轴距（毫米）	2 592
1 挡速度（千米/小时）	1.55～3.45
2 挡速度（千米/小时）	3.43～7.61
3 挡速度（千米/小时）	9.25～20.51
倒挡速度（千米/小时）	3.62～8.03
蓄电池型号	6－QA－160
液压油箱容积（升）	24

四、新疆－2A 先锋 2006A 自走式谷物联合收获机

该机外观如图 6－4 所示，结构、工作与雷沃谷神 4LZ－2 型自走式联合收获机相似。

（一）产品主要性能特点

（1）采用第三代新型专利双风道清选系统，先扬场，后筛选，清

图6－4　新疆－2A先锋2006A自走式谷物联合收获机

选效率提高10%，作业效率提高20%。

（2）采用专利的旋风罩技术，能自动清理，防止发动机水箱被糊死，无需人工除尘，水箱散热面积增大30%，保证长时间工作水箱不开锅。

（3）采用红外线高清晰摄像头、高挡液晶显示器。倒车时车后情况一目了然，并可以收看当地电视节目。

（4）采用超大型柴油箱。柴油箱体积为238升，连续工作20小时不用加油，大大缩短了非收割时间，有效地提高了收割的效率。

（5）后桥采用马蹄型异型管材料制作，强化型设计，整体承载能力提高50%以上。

（6）加大变速箱摩擦片，使寿命提高3～5倍。

（7）可调节的方向盘和小轿车型的换挡手柄及护罩，不仅美观而且操作也更为灵巧。

（8）采用最新流线型大视野驾驶室，驾乘舒适，美观、大方。

（9）拨禾轮增加中辐盘，改进割台油缸支撑结构，使整体结构强度提高10%。

（10）采用开放式护板、隐藏式后尾梯，使维修、加油、保养更为方便。

（二）技术规格

新疆－2A 自走式谷物联合收获机主要技术规格见表 6－4。

表 6－4 新疆－2A 自走式谷物联合收获机主要技术规格

产品型号	4LD－2A
发动机型号	4 108
发动机功率（千瓦）、转速（转/分）	58、2 200
喂入量（千克/秒）	2.0
割幅（米）	2.36
生产率（亩/时）	8～10
外形尺寸（长×宽×高）（毫米）	6 080×2 700×3 250
整机质量（千克）	4 360
最小离地间隙（毫米）	250
脱粒机构形式	切流加轴流双滚筒
复脱装置及形式	风扇式复脱扔抛式
清选方式	风机＋双层阶梯筛 第三代新型双风道清选系统
行走速度范围（千米/时）	前进 1.70～22.44　后退 3.96～8.79
粮仓容积（立方米）	1.3
卸粮方式	自动
驾驶室	封闭式
总损失率（%）	水稻≤3.5%　小麦≤1.5%
含杂率（%）	水稻≤2.0%　小麦≤2.0%
破碎率（%）	水稻≤2.0%　小麦≤2.0%
可选用： 1. 具备豪华型所有配置 2. 工程机械专用仪表及可调式方向盘 3. 红外线全天候可视倒车监控机构 4. 圆弧形驾驶室，豪华内饰 5. 汽车式换挡机构，加大型摩擦片	

五、先锋 3088A、3095A 自走式谷物联合收割机

该机外观如图 6－5 所示，结构、工作与雷沃谷神 4LZ－2 型自走式联合收获机相似。

图 6－5　先锋 3088A、3095A 自走式谷物联合收割机

（一）产品主要性能特点

（1）采用切流与轴流脱粒分离系统。

（2）收割机的有效割幅 2.75 米，可选配挠性割台，便于豆科类作物收获。

（3）收割机工作时，采取自走自动卸粮。

（4）采用加大型散热器、大除尘罩，防止水温过高，延长发动机寿命。

（5）匹配 80 马力国内名优发动机，动力贮备大。

（6）采用超大型柴油箱，大大缩短了非收割时间，有效地提高了收割的效率。

（7）采用开放式护板、隐藏式后尾梯，使维修、加油、保养更为方便。

（二）技术规格

先锋 3088A、3095A 自走式谷物联合收割机技术规格见表 6－5。

表 6－5　先锋 3088A、3095A 自走式谷物联合收割机技术规格

产品型号	4LD－3.0
发动机型号	41 08、4B80T
发动机功率(kW)/转速(转/分)	64/2 400
喂入量(千克/秒)	2.5～3
割幅(米)	2.75　　3.25(可选装)
生产率(亩/小时)	4～10
外形尺寸(长×宽×高)(毫米)	6 540×3 050×3 200
整机质量(千克)	4 800　　4 900
最小离地间隙(毫米)	320
脱粒机构形式	切轴流式
复脱装置及形式	自脱粒
清选方式	二层阶梯筛
速度范围(千米/小时)	前进 1.6～20.5　　后退 3.6～8.0
粮仓容积(立方米)	1.7
卸粮方式	自动,旋转式卸粮筒
驾驶室	封闭式
总损失率(%)	水稻≤3.5%　　小麦≤1.5%
含杂率(%)	水稻≤2.0%　　小麦≤2.0%
破碎率(%)	水稻≤2.0%　　小麦≤2.0%

可选用:
1. 两种发动机:一拖、玉柴
2. 超宽型清选机构,清选能力较国内同类机型提升 30%
3. 外挂式独立驱动抖动板,物料分层效果好
4. 封闭式前桥,可靠性高,通过性能强
5. 全自卸粮仓,电子监控系统
6. 风机采用无级变速结构,适应能力强

六、卧式割台半喂入稻麦联合收获机的结构与工作

湖州－100E 型半喂入稻麦联合收获机是一种采用卧式割台的小型自走式联合收获机,能一次完成稻麦收割、脱粒和清选作业,并保持茎秆完整,铺放整齐。该机适应泥脚深度在 15 厘米以内的中小水田作业,适合收获的作物自然高度为 50～100 厘米。

收获工作过程中,允许作物有轻微倒伏。整机结构和工作过程如图 6－6 所示。该机主要由收割台,夹持输送机构,脱粒装置,

割、送、脱连接架，底盘和接粮台等组成。

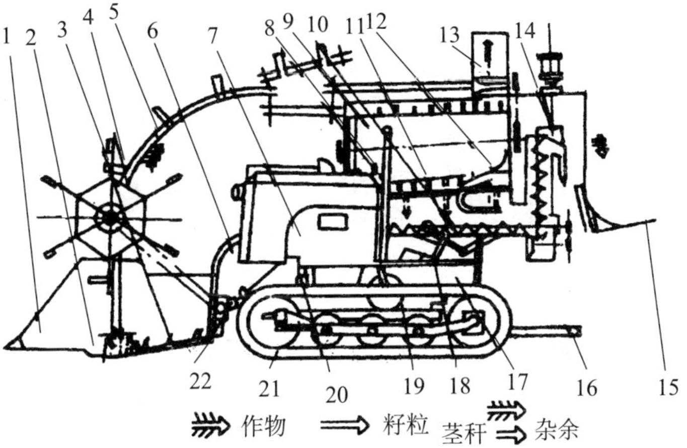

图 6－6　湖州－100E 型半喂入稻麦联合收获机

1. 分禾器　2. 切割器　3. 割台输送链　4. 拨禾轮　5. 夹持输送链　6. 割、送、脱连接架　7. 发动机　8. 分动箱　9. 脱粒滚筒　10. 筛网　11. 输送搅龙　12. 驾驶座　13. 排杂风扇　14. 输送箱　15. 放草机构　16. 接粮台　17. 变速箱　18. 割台升降机手柄　19. 行走离合器　20. 机架　21. 橡胶履带　22. 割台传动箱

机器前进时，拨禾轮将作物拨向切割器，切割后的作物在拨禾轮的推送下整齐地铺放在割台的水平输送链上，继续送至夹持输送链交接口，由夹持链夹持输送，沿圆弧轨道旋转成 90°，倒挂进入脱粒滚筒，脱下的籽粒经筛网分离，籽粒顺滑谷板落入搅龙，由垂直搅龙送到接粮袋，杂余由排杂风扇抛出。

七、立式割台半喂入水稻联合收获机

图 6－7 是立式割台半喂入联合收割机的结构示意图，其结构组成包括割台、中间夹持链输送器、脱粒装置、清选装置、行走机构、液压装置等。

进行收获作业时，扶禾器拨指将倒伏作物梳整扶直推向割台，辅助扶禾装置（星轮或橡胶指传动带等）拨禾，并支承切割。作物

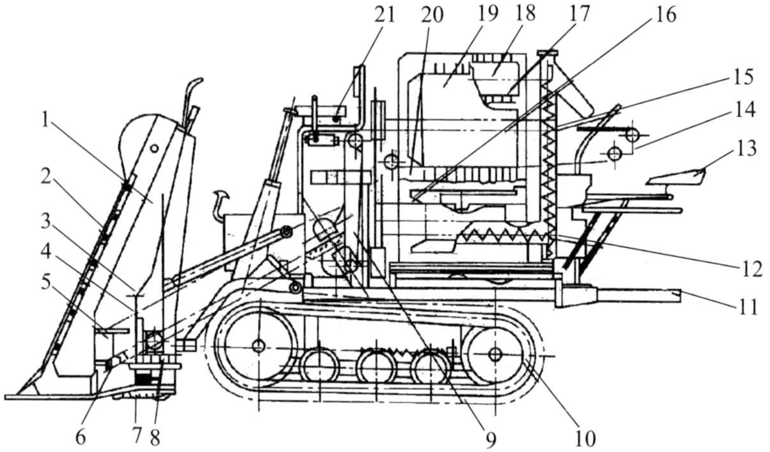

图6-7　立式割台半喂入水稻联合收割机

1. 立式割台　2. 扶禾器　3. 上横送链　4. 中间输送上链　5. 拨禾星轮　6. 中间输送下链　7. 切割器　8. 下横送链　9. 二级夹持链　10. 履带　11. 卸粮台　12. 水平螺旋　13. 卸粮座位　14. 脱粒夹持链　15. 竖直螺旋　16. 风扇　17. 副滚筒筛板　18. 副滚筒　19. 滚筒　20. 凹板　21. 驾驶台

切断后,割台输送链随即将作物输送给中间输送装置,中间输送夹持链把垂直状态的禾秆逐渐改变成平卧状态,夹持输送到脱粒滚筒喂入端,交给脱粒夹持链,沿滚筒轴向将穗头部分喂进滚筒进行脱粒。脱出物经凹板筛孔落入清选装置,由抖动板和风扇气流配合清选。清洁的谷粒经谷粒螺旋输送器送到粮箱或装袋;断穗由主滚筒送进副滚筒进行再次脱粒;杂物由副滚筒排杂口排出机外;脱粒后的茎秆从滚筒出口处排出,落在重力集堆装置上,进行定量堆放。有的机器在茎秆排出处装茎秆切碎装置,把茎秆切碎还田。

图6-8是东洋收割机制造(江苏)有限公司(韩国独资)生产的东洋 HL6060C 半喂入联合收获机。其技术参数如表6-6所示。

图6－8　东洋 HL6060C 半喂入联合收获机

表6－6　东洋 HL6060C 半喂入联合收获机技术参数

型号			HL6060C
机体尺寸	长×宽×高(毫米)		4 500×230×2 280
	机体质量(千克)		2 910
发动机	名称		DB33－ELMAC
	形式		水冷式4冲程4汽缸柴油机
	总排气量(升)		3 268
	功率/转速[马力/(转/分)]		60/2 600
	燃油[燃油箱容量(升)]		65
行走部分	履带(宽×长)(毫米)		450×1 520
	履带中心距离(毫米)		1 000
	平均压强(千克力/平方厘米)		0.213
	变速方式		液压无级变速＋副变速3挡
	行驶速度	前进(米/秒)	0～2.0
		后退(米/秒)	0～2.0
	变速挡数		2挡变速
割台	切割宽度(毫米)		1 400～1 500
	切割高度(毫米)		50～150
	割台升降方式		电子液压
	进料深浅调节方式		手动或自动
	倒伏适应性(度)		顺割85度、逆割70度
	卸粮方式		漏斗3个
	收割能力(公顷/小时)		0.23～0.5

图6－9为由久保田农业机械(苏州)有限公司生产的久保田PRO488半喂入联合收割机。

图6－9　久保田PRO488半喂入联合收割机

久保田PRO488采用更长脱粒筒及多重筛选方式,减少谷粒损失,通过加长脱粒筒及扩大清选室容积,可进行更高效、更精确的收割作业。再筛选螺旋杆齿可进一步减少谷粒带柄率,并且由再筛选竖直输送螺旋杆送回筛选箱,从而防止潮湿作物引起堵塞。破碎率低的二次处理系统采用通过再筛选螺旋杆齿进行谷物的二次处理,比常见的主、副脱粒筒二次脱粒方式,脱净率更高,提高了谷物的品质。

久保田PRO488联合收割机采用久保田首创的行走系统(静液压传动),让操作者仅用一个手柄即可控制前进、后退,同时可调节正常收割和高产量、潮湿作物、湿烂田块收割及行走情况下的行驶速度。

久保田PRO488型联合收割机可适应高湿烂田,已获农业部颁发的《农业机械推广许可证》。PRO488型联合收割机在整机结构和作业性能上主要有以下特点。

1. 前伸量小的带扶禾器的立式割台

(1)扶禾器采用门形结构,前伸量小,割台刚度好,不易损坏变形,转向更灵活。

(2)割台动力单向同步输送,扶禾高度和速度可适时调节,满足不同高度作物、不同脱粒难度品种和倒伏作物要求，对严重倒伏作物能扶起并顺利输送。

(3)切割装置采用动定刀组合及动刀左右双驱动机构，割台振动小，零部件不易损坏。

(4)割幅1 450毫米，各链条交接口设计紧凑，交接平稳顺畅，输送平滑均匀整齐，不易堵塞。

(5)割台导轨采用实心方铜，提高各输送链条、架等易磨损零部件的刚度和强度。

2. 高处理能力的脱粒清选装置

(1)采用下脱式轴流二次清选机构，结构简单，脱粒清选等各项性能指标良好。

(2)大直径超长单脱粒筒，凹板包角大，脱粒间隙可调，脱粒能力超强，减少籽粒破碎率，提高籽粒清洁度。

(3)上抬式脱粒筒，脱粒清选室可完全打开，清扫拆装和维修保养方便。

(4)整体箱式大摇摆振动筛，多级筛分选、气选方式并用，提高清选能力，改善湿脱性能。

(5)采用可更换的高强度的钢板筛网，并可根据实际情况，增设唇形加强板、加强筋等方式来增强对难脱作物品种的适应性。

(6)3个出粮口，高效率并能轻松装接粮。

3. 大排量、高功率、省油的发动机

(1)采用直喷式高速柴油机，动力强劲，功率达35.28千瓦，油物料消耗少。高速作业中体现低振动、低噪声和低消耗的性能。

(2)动力贮备充足合理，可以承受大负荷作业，满足7 500～11 250千克/公顷高产水稻收割需要，收割优质高效。

(3)发动机高位采气，3级滤芯过滤，吸入空气清洁；冷却进风口大，进风充足，散热效果好。

4. 操纵轻便的液压行走无级变速机构

(1)行走变速采用静液压无级变速机构与简单的齿轮式变速

箱相结合的变速方式，操作舒适。

（2）单手柄液压操作，动力变速时不必踩下主离合器踏板，只需扳动主变速杆即可实现，能最大限度减轻劳动强度。

（3）视野宽阔的操作台，设计合理的组合操纵手柄，即使在满载或陡急的弯道也能轻松驾驭，确保平稳操作。

5. 低接地压力的橡胶履带行走装置

根据中国地块小、田埂多、多湿烂和多季作业等条件，采用耐高湿烂田的轻型重量平衡设计，接地压力为19.8千帕，配套450毫米履带（湿田型）接地压力可降至17.64千帕；宽幅履带、大行走轮、高离地间隙，进一步改善田间通过性，在湿地上也能更加平稳工作；可单独更换带轮，内藏式履带张紧螺栓，可快速维修保养，降低维修成本和时间。

6. 反应灵敏的自动控制报警系统

（1）普遍采用了机电液一体化技术，在易发生故障或人工难以监测到的重要的工作部位装有先进的自动控制装置，部分实现了自动监测和控制。

（2）高可靠性、低使用成本的液压电气装置，能有效防止故障发生并延长使用寿命。

（3）水温、茎秆堵塞和发动机油压等各种自动装置在仪表盘上能自动报警，令检测更快捷容易。

7. 简便多样化的茎秆处理方式

（1）茎秆处理有切碎和条放两种方式。切碎还田利于增强地力，条放茎秆便于回收利用。

（2）圆盘切草刀采用齿形陶瓷制作，且采用双支承切断方式，延长了刀片的使用寿命。

（3）茎秆排草两段输送，输送整齐，不易堵塞。

久保田PRO488半喂入联合收割机主要技术参数如表6－7所示。

表 6-7　久保田 PRO488 半喂入联合收割机主要技术参数

型号			PRO488 - CN4 - S50
尺寸	全长		4 155 毫米
	全宽		1 900 毫米
	全高		2 200 毫米
质量			2 220 千克
发动机	型号		V2203-M-DI-C-E-2
	形式		立体水冷 4 缸 4 行程直喷式柴油机
	总排气量		2 197 毫升(2.197 升)
	额定输出功率/转速		48 马力[35.3 千瓦]/2 700 转/分
	燃油		0#柴油(高等级)
	燃油箱容量		50 升
	启动方式		启动马达
	蓄电池		12.52(伏特·安塌小时)
行走部分	转向方式		电磁液压式
	履带	宽度×接地长度	400×1 300 毫米
		中心距离	970 毫米
		平均接地压力	0.213 千克力/平方厘米
	变速方式		静液压无级变速[HST]
	变速挡数		无级副变速 3 挡
	行走速度		低速:0~0.86 米/秒 中速:0~1.22 米/秒 高速:0~1.65 米/秒
收割部分	收割行数		4 行
	收割宽度		1 450 毫米
	割刀宽度		1 436 毫米
	割茬高度范围		35~150 毫米
	脱粒深度控制系统		电子、全自动控制/手动
	适应作物高度		650~1 300 毫米
	倒伏适应性		顺割:低于 85 度 逆割:低于 70 度(麦低于 45 度)
	扶禾挡数		3
脱粒部分	脱粒系统		下脱、单筒、轴流式
	脱粒筒	直径×宽	424×800 毫米
		转速	505 转/分
	二次输送方式		螺旋搅龙
	二次处理方式		再筛选螺旋杆齿
	筛选方式		鼓风、吸引、分离筒、摇动筛选式

（续表）

型号		PRO488－CN4－S50
卸谷部分	取谷	漏斗式
	集谷箱　容量	200 升
切草部分	出厂样式	切草长度:50 毫米切草刀:齿形圆盘陶瓷
报警灯和设备	再筛选竖直输送螺旋杆处谷物堵塞	
	茎秆堵塞	
	集谷箱装满	
	水温	
	蓄电池充电	
	发动机油压	
	燃油油位	
	计时表	
	发动机转速	
作业效率		3～6 亩/小时(麦或硬田直立水稻的情况下)

八、谷物联合收获机的主要工作部件

谷物联合收获机的收割台主要由拨禾轮、切割器、螺旋推运器、倾斜输送器和割台等组成。在谷物联合收获机上广泛使用偏心弹齿式拨禾轮、标Ⅱ型或标Ⅲ型往复式切割器,其构造与工作前面已叙述,不再重复。

(一)螺旋推运器

配置在切割器后方的收割台面上,用来集中和输送割下的作物。其构造如图 6－10 所示,主要由圆筒、螺旋叶片和伸缩扒指机构等组成。螺旋叶片分左旋和右旋两段,焊在圆筒两端,扒指机构在圆筒中段,扒指一般有 12～16 个,并排铰装在圆筒内的曲轴上,扒指上端通过套筒伸出圆筒。

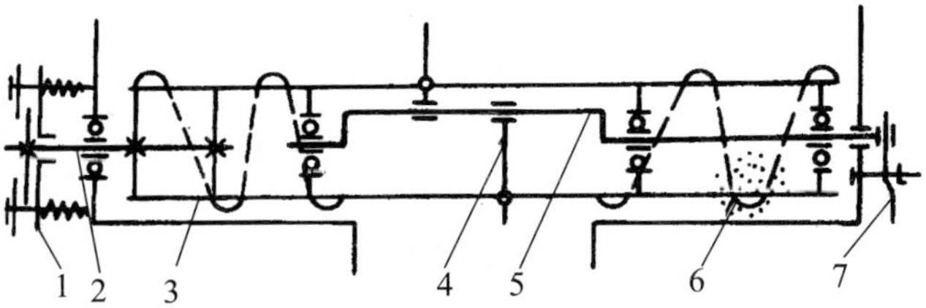

图 6－10　螺旋推运器

1. 传动箱　2. 左半轴　3. 圆筒　4. 扒指　5. 扒指轴(曲轴)
6. 螺旋叶片　7. 调节手柄

工作时,螺旋推运器的圆筒转动,带动扒指一起旋转,而曲轴固定不动。由于曲轴的偏心作用,扒指相对于圆筒做伸缩运动。因曲轴偏心的方向偏向前下方,故工作中扒指可在前下方伸出圆筒抓取谷物,转至后上方时缩回,避免把谷物带回。

扒指伸出圆筒最长时的位置,可通过右端的调节手柄调节。扳动手柄,扒指曲轴偏心方向发生变化,扒指伸出位置也相应变化,以适应不同工作情况的需要。

为适应不同产量的作物情况,螺旋叶片与割台底板间的间隙,可通过调整螺母、改变推运器轴的位置进行调整。当喂入作物的茎秆高大或喂入的作物量多时,应将间隙调大,以免堵塞推运器;当作物生长稀疏、茎秆矮小时,应将间隙调小,以便及时输送已割谷物。有的联合收获机在螺旋推运器驱动轴的外端设有自动离合器,用以控制传递扭矩,以防超载而损坏零部件。传递扭矩的大小,可通过改变离合器弹簧弹力进行调整。

(二)倾斜输送器

倾斜输送器是连接割台和脱粒部分的过桥,用以将割台送来的谷物,连续均匀地送入脱粒装置。倾斜输送器多为链耙式,它由壳体、主动轴、被动轴、输送链和齿板等组成。如图 6－11 所示。

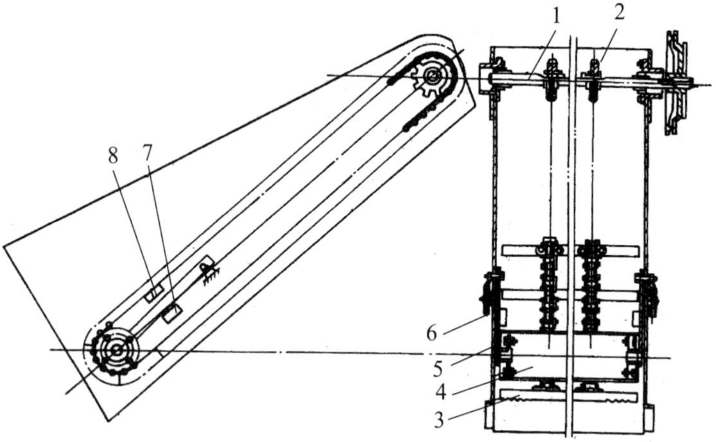

图 6－11　链耙式倾斜输送器

1. 主动轴　2. 链轮　3. 齿板　4. 被动轴　5. 浮动杆　6. 调节螺栓
7. 下限位板　8. 上限位板

工作时，输送链在主动轴链轮带动下回转，链条上的齿板抓取谷物将其输送。被动轴为浮动式，当谷层厚时上抬，谷层薄时靠自重或弹簧弹力下落。输送链的松紧度可通过调整螺栓改变被动轴的位置进行调整。有的联合收获机在输送器主动轴一端设有自动离合器，以控制传递扭矩的大小。

在新疆－1.5 型自走式轴流谷物联合收获机上采用转轮式倾斜输送器（图 6－12），它由 3 个转轮组成。在收获小麦时 3 级喂入轮分别安装耙杆喂入轮和两个纹杆喂入轮；在收获水稻时分别安装耙杆喂入轮、弓齿喂入轮和耙杆喂入轮。这种输送装置兼有脱粒作用。

（三）割台

割台用来安装拨禾轮、切割器、螺旋推运器等工作部件及其传动机构，用连接机构与倾斜输送器连接，用液压油缸支承在机架上。割台的高低位置可由液压油缸来调整。

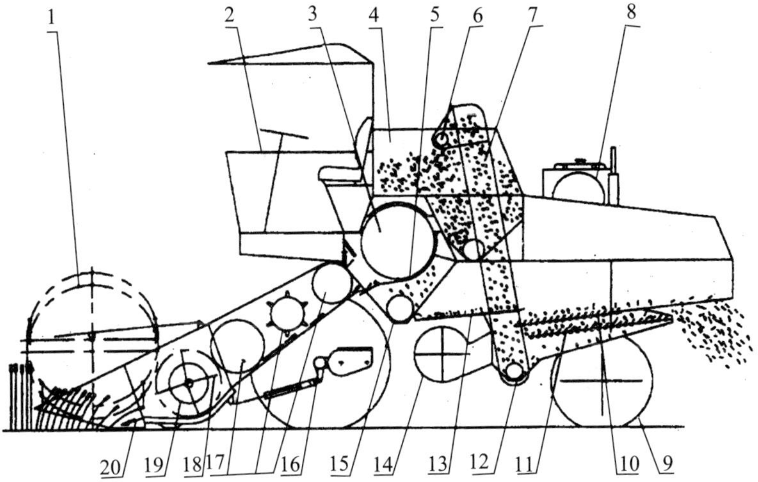

图6－12　新疆－1.5型自走式轴流谷物联合收获机

1. 拨禾轮　2. 驾驶台　3. 杆齿滚筒　4. 粮箱　5. 杆齿滚筒凹板　6. 卸粮搅龙　7. 籽粒升运器　8. 发动机　9. 后轮　10. 上筛　11. 下筛　12. 籽粒搅龙　13. 抖动板　14. 离心风扇　15. 分配搅龙　16. 前桥　17. 转轮输送辅助脱粒装置　18. 喂入搅龙伸缩齿　19. 割台喂入搅龙　20. 切割台

谷物联合收获机传动系统的功用是将发动机的动力传递给工作装置和行走装置，使各工作部件运动和机器行走。联合收获机体积大，工作部件多，因而传动较复杂，具有以下特点。

（1）自走式联合收获机的动力源是发动机，动力分传动行走装置和工作装置两路，并设有行走离合器和工作离合器分别控制。在运输状态时可单独切断工作装置动力；在工作中需要时，可停止前进而使工作部件继续运转，以免堵塞。悬挂式和牵引式联合收获机，则要求拖拉机具有双作用离合器，分别控制行走和工作。

（2）由于工作部件较多，距离较远，动力一般先传到一个中间轴，再分路传至各工作部件。工作部件传动轴大多平行配置，传动装置配置在机器两侧，多采用皮带传动。只有传动比要求严格和轴心距较小时才采用链传动。

(3)在转速经常需要调节的工作部件上，常采用无级变速器，例如，拨禾轮、滚筒、风扇、行走部分等。

(4)在易发生故障的工作部件上，都设置安全离合器，以免损坏。例如，螺旋推运器、倾斜输送器、籽粒输送器和杂余输送器等。

第七章　稻麦联合收获机械的使用与维修

一、收获时机

由于稻麦联合收获机在割下作物后就立即脱粒，因此，必须在籽粒成熟时才能收获，否则容易导致谷粒瘪瘦、不饱满。但又不能在谷粒完全成熟后收获，因为此时谷粒稍微受到碰击就会脱落于地面，导致收获的损失很大。

稻麦成熟分为蜡熟期和晚熟期，一旦进入晚熟期，籽粒养分会倒流入秸秆，造成粒重下降，每亩产量减产将达 30 ~ 50 千克，掌握收获时机适时抢收非常关键，在蜡熟期收获是最佳时机。检查是否达到蜡熟期，只要用手从颖壳里取出籽粒用手指甲划一划就行了，如果呈现出蜡状即籽粒变硬呈现白色，这就说明到了蜡熟期，正是产量最高的时候，得马上抢收。否则再过一段时间，籽粒变坚硬发黄，此时养分倒流就会导致减产。

做种子用的稻麦，可以比做商品粮的籽粒稍晚些时间收获，以在蜡熟后期收获为宜，以便使籽粒更饱满。

二、地块准备

（1）平整地块中的渠埂，清除田间障碍物，不能清除的要插上标记。

（2）若田块四周埂较高时，应用人工在四周割出 20 厘米宽的空带，以便收获机正常作业。

（3）使用牵引式联合收获机收割时，事先要人工割出边道，边道宽度视机型而定。

三、机器准备

1. 联合收获机主要技术状态检查

（1）检查各部件安装是否正确。

（2）检查各焊接件的焊接处有无裂缝。如发现问题，应及时补焊或更换。

(3)检查紧固件的紧固情况。若有松动,应及时紧固。

(4)检查各处链条和传动带的松紧度是否合适。

(5)检查拨禾轮、切割器、脱粒滚筒和凹板的技术状态是否良好。

(6)检查逐稿轮、逐稿器、筛子和风扇有无变形,工作是否可靠;鱼鳞筛的筛孔,风扇的风量、风向应能灵活调节。编织筛、圆孔筛、长孔筛等筛孔大小事先应根据作物情况选配好。

(7)全部传动机构应严格检查,不能有松动、杂声、碰擦等现象,各部分轴承间隙应合适,润滑良好。

(8)各部分调节机构应能进行灵活有效的调整。

(9)完成各项检查后,用手转动主动皮带轮,带动传动机构运转,观察有无碰擦、卡滞现象。

(10)谷物联合收获机上必需配备灭火器。

2. 试运转

用手转动,确认无问题后,加好油和水,即可启动发动机进行试运转。

(1)固定试运转将机器停放在平坦地面,先用小油门低速运转,观察各部分的运动情况,然后逐渐加大油门至正常转速,并操纵液压升降机构,观察其工作是否灵活、可靠。在正常转速运转过程中,相隔 20 ~ 30 分钟停车检查一次,如各传动轴承有无发热、各紧固件有无松动等,发现问题及时解决。

(2)行走部分空运转在较平坦的地面,由 1 挡开始逐步提高挡位,进行行走试车,检查转向、制动是否灵活可靠,各操纵杆件有无卡滞现象,行走是否稳定,齿轮箱和液压油管处有无漏油等。确定机器空转正常后,可进行负荷试运转。

(3)负荷试运转选择平坦地块、不倒伏、成熟度适中的谷物进行试割。试割时从低挡开始,逐渐增加负荷(喂入量),直至额定负荷。在试割过程中要注意检查机器各部分的工作情况,并对各工作装置进行调整,使联合收获机作业质量达到要求。

(4)完成负荷试运转后,要对机器进行全面技术状态检查,并按班次保养项目进行技术保养。试运转后的联合收获机可投入正常作业。

四、谷物联合收获机的操作要点

(1)在机器进入切割区前一定距离处,低速平稳地接合工作离合器,降落割台至要求的割茬高度,然后加大油门,在额定转速下进入割区作业。收割50~100米后,停车检查作业质量,如割茬高度、收获损失、籽粒清洁与破碎情况等,必要时进行调整,使作业质量符合要求。

(2)正确使用油门。联合收获机在收获时,只有发动机在额定转速下工作才能保证收获机各工作部件在规定的速度范围内。因此,收获时必须保持在大油门下工作,不允许用减小油门的方法降低行车速度或超越障碍,以免引起割台、滚筒等的堵塞。当田间需要暂时停车时,需先踏下行走离合器,将变速杆置于空挡,保持大油门运转10~20秒,待收获机内谷物处理完后,再减小油门。当收获机行到地头时,也应继续保持大油门10~20秒,待机内谷物脱完并排出机外后再减小油门。

(3)合理选择前进速度。为使联合收获机能在额定喂入量情况下连续工作,要根据作物的长势、成熟度、干湿度、留茬高低和田块情况等选择适当的前进速度。在茎秆长、植株稠密、收获早期时,应使用低挡作业;茎秆矮、植株稀、收获中后期时应使用高挡作业。在收获茎秆长的高产作物,用1挡作业仍显负荷重时,可采用提高割茬、减小割幅的方法减少喂入量。

(4)收割倒伏作物时,最好采用逆倒伏方向或与倒伏方向成一角度收割,并将拨禾轮向前、向下调整,弹齿倾角向后倾,以利扶起谷物,减少收获损失。

(5)大风天收割时,机组不要顺风向行进,以免影响杂余排出。

(6)转弯时应降低行进速度,避免急转弯,以防压倒作物或损坏机器。

(7)停车时应空转到所有作物全部排出后,再切断动力,使发动机停止工作。

五、谷物联合收获机的安全生产

(1)机组人员应熟悉安全操作规程。

(2)联合收获机组启动前,变速杆要置空挡。机组起步、转弯和倒车时要鸣喇叭,并观察机组周围情况,确保人、机安全。新车或大修的机器必须按说明书的规定进行磨合后,方可投入使用。

(3)清理、调整或检修机器时,必须在停止运转后进行。须在割台下工作时,应将割台支牢。

(4)严禁在高压线下停车或进行修理,不允许平行于高压线方向作业。

(5)地面不平时不得高速行驶,以免机器变形或损坏。运输时,割台应升起,有支撑的应支撑锁定。

(6)在联合收获机工作时,不允许用手触摸各转动部件。在联合收获机停止工作后,应将变速杆放在空挡位置。

(7)注意防火。不允许在联合收获机上和正在收割的地块吸烟,夜间工作严禁用明火照明。机器上应配备灭火器。

六、谷物联合收获机作业质量的检查

谷物联合收获机在作业时,其作业质量可用以下指标进行评定。

(一)割茬高度

收获小麦的留茬高度一般为15~20厘米,以不影响后续作业并不产生漏穗为依据。可以用直尺直接测量割茬高度,具体做法是在机收后的地块内,比较均匀地选取具有代表性的5~10个点,分别测量各点割茬高度,计算其平均值:

割茬高度=各点处割茬高度之和/所选点数

割茬高度是通过机手操纵液压手柄控制割台的高低位置实现的。割茬过高,将直接影响下茬作物的播种质量;过低会使割台触及地面或田间砖块、土块等,导致机械故障发生。

(二)收获总损失率

收获总损失率主要包括收割台损失率、脱粒损失率、分离损失率和清选损失率，这四部分的损失率之和不应超过2%。

1. 收割台损失

是指漏割穗、掉穗和被拨禾轮打击造成的落粒损失之和。

收割后的地块内产生落粒和掉穗有两方面的原因：一是收割前就有的自然落粒和掉穗，称为自然损失；二是因收割机收获时造成的落粒和掉穗，称为收割台损失。

自然损失可在未割地里选取3～5个测点，每点1平方米，收集落粒和掉穗并搓出谷粒称重，计算出平均每平方米的自然损失（千克/平方米）。

收割台损失可在收割后的地块上，选取宽为实际割幅、长为1米的面积，捡起落粒、掉穗和漏割的谷穗，搓出谷粒并称其质量，算出平均每平方米的总损失（千克/平方米），减去自然损失，即为收割台的损失（千克/平方米）。

$$\text{收割台损失率}(\%)=\frac{\begin{array}{c}\text{每平方米收割台损失}\\(\text{千克/平方米})\end{array}}{\begin{array}{c}\text{测区内每平方米籽粒总质量}\\(\text{千克/平方米})\end{array}}\times 100$$

影响收割台损失的因素有拨禾轮和切割器的工作质量、收割机作业速度、作物情况等。

2. 脱粒损失

是指从联合收获机排出的穗头中夹带有未脱净的籽粒的重量。可接取机器通过测区的茎秆、清选排出物，从中拣出未脱净的穗头，搓出谷粒，称出脱粒损失。

$$\text{脱粒损失率}(\%)=\frac{\text{脱粒损失(千克)}}{\text{测区内籽粒总质量(千克)}}\times 100$$

影响脱粒质量的因素有作物成熟程度及干湿程度、脱粒滚筒转速及凹板间隙等。

3. 分离损失

是指从联合收获机排出的茎秆中夹带的籽粒的重量。可接取机器通过测区排出的茎秆，从中抖出夹带的谷粒，称出分离损失。

$$\text{分离损失率}(\%)=\frac{\text{分离损失(千克)}}{\text{测区内籽粒总质量(千克)}}\times 100$$

影响分离质量的因素有茎秆层厚重和潮湿等。

4. 清选损失

是指从联合收获机后面排出的清选物中夹带的籽粒的重量。可接取机器通过测区排出的清选物，从中拣出裹带的谷粒，称出清选损失，然后计算损失率。

$$\text{清选损失率}(\%)=\frac{\text{清选损失(千克)}}{\text{测区内籽粒总质量(千克)}}\times 100$$

影响清选质量的因素有筛孔开度、筛子倾角、风量和风向等。

（三）清洁率

在出粮口接取一定量的样品并称其总质量；去除各种杂物后再称出籽粒质量，算出清洁率。

$$\text{清洁率}(\%)=\frac{\text{籽粒质量(千克)}}{\text{样品总质量(千克)}}\times 100$$

一般要求为：收小麦时，籽粒清洁率在98%以上，收水稻时在93%以上。

（四）籽粒破碎率

这是反映联合收获机的脱粒装置对谷粒的损坏程度的指标。可以从联合收获机的出粮口中接取一定数量的样品，去除颖壳等杂质后称出样品籽粒的重量，然后从中检出破碎籽粒并称重，按下式计算：

$$\text{籽粒破碎率}(\%)=\frac{\text{破碎籽粒重量(千克)}}{\text{样品籽粒重量(千克)}}\times 100$$

籽粒破碎率不能超过2%。

引起破碎率高的因素有滚筒转速过高、脱粒间隙过小及喂入不均匀等。

测区内籽粒总质量＝出粮口接取的样品重×清洁率＋脱粒损失重＋分离损失重＋清选损失重＋收割台每平方米的收割损失重×实际割幅×测区长度

七、4LZ－2 型谷物联合收获机主要部件的使用与调整

（一）收割台的调整

用来切割并将割下的作物输送到脱粒装置。该部分主要由拨禾轮、切割器、喂入搅龙（割台螺旋推进器）、过桥（倾斜输送器）和摆环箱等组成。

1. 拨禾轮的调整

（1）拨禾轮弹齿倾角的调整（图 7－1）。调节时松开螺母，抽出紧固螺栓，然后转动调整板，使调整板相对拨禾轮轴偏转，同时带动弹齿偏转，待偏转到所需角度，将调整板和拨禾轮升降架固定板螺孔对准，用螺栓固定。

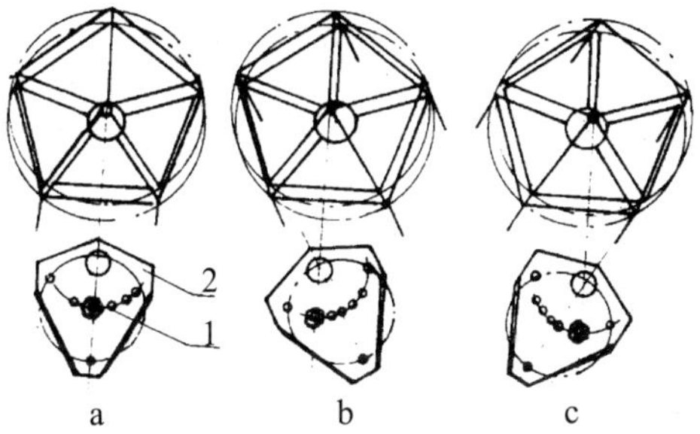

图 7－1　拨禾轮弹齿倾角的调整

a. 弹齿垂直　b. 弹齿后倾　c. 弹齿前倾

1. 螺母　2. 调整板

（2）拨禾轮前后位置的调整（图 7－2）。拨禾轮前后位置，靠移动拨禾轮轴承座 7 在升降架支臂 5 上的位置来调节。调节时应先逆时针方向扭转张紧轮架 6，取下 C2800V 型皮带，再取下支臂上的固定插销 11，然后移动拨禾轮。移动时左右两边应同步进行，并使两边固定孔位一致，插入插销。拨禾轮水平位置调好后，应装好原传动带，并重新调整弹簧 1 对挂接链条 3 的拉力，使 C2800V 型皮带张紧度适宜。

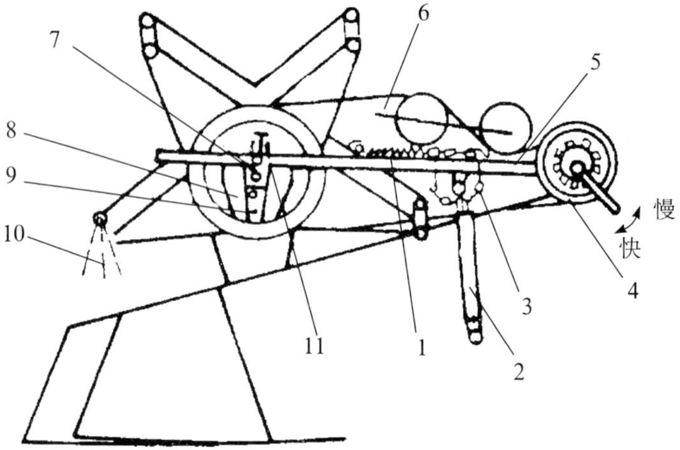

图7－2　拨禾轮的调节机构

1. 弹簧　2. 拨禾轮升降油缸　3. 链条　4. 变速轮　5. 支臂　6. 张紧轮架　7. 轴承座　8. 偏心调节板　9. 定位螺钉　10. 弹齿　11. 插销

(3)拨禾轮高低位置的调整。由驾驶台上拨禾轮液压操纵手柄控制。当拨禾轮放到最低位置和最后位置时,弹齿距喂入搅龙和切割器的距离不得小于20毫米,如图7－3所示。

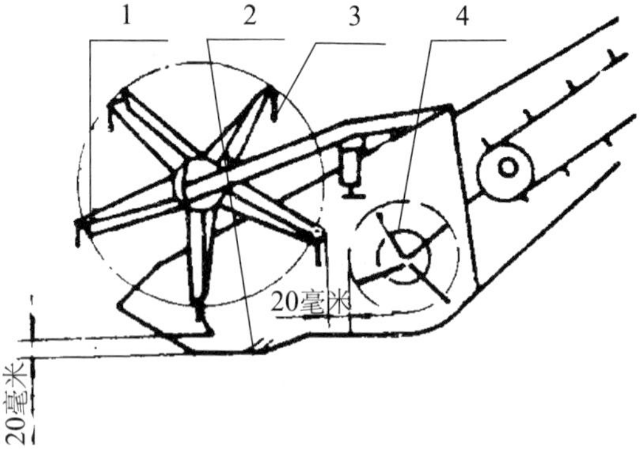

图7－3　拨禾轮最低最后位置

1. 拨禾轮　2. 护刃器　3. 弹齿　4. 螺旋推进器

(4)拨禾轮转速的调整。当机器前进速度变化时，拨禾轮转速也应做相应调整，以使拨禾轮圆周速度比前进速度略高。调整拨禾轮转速时，必须在拨禾轮运转中通过转动变速轮调速手柄改变变速轮直径(图7-2中的4)才能调速。顺时针转动时，拨禾轮转速加快；逆时针转动时，拨禾轮转速减慢。

联合收获机在田间作业时，拨禾轮应按以下情况调整。

收获直立作物时，弹齿倾角应调至垂直位置；拨禾轮轴前后位置一般调整到距护刃器前梁垂线250～300毫米处，高低位置一般以弹齿轴拨到已割作物高度的2/3处为宜。

收获倒伏作物时，弹齿倾角应向后偏转；拨禾轮轴前后位置应是顺倒伏方向收割时尽可能靠前，逆倒伏方向收割时应靠近护刃器位置，高低位置放至最低。

收获高秆大密度作物时，弹齿倾角应略向前偏转；拨禾轮轴前后位置应适当前调，高低位置一般以弹齿轴拨在已割谷物的2/3处为宜。

收获稀矮作物时，弹齿倾角应向前偏转；拨禾轮轴前后位置应尽可能后移接近喂入搅龙，高低位置应尽可能下调接近护刃器。

拨禾轮的转速通常应使拨禾轮的圆周速度略高于机器的前进速度，但收获高秆谷物时，应使拨禾轮的圆周速度略低于机器的前进速度。

2. 切割器的调整

(1)对中。调整动刀片处于两端极限位置时，动刀片中心线应与护刃器中心线重合，其偏差不大于5毫米。调整方法是移动刀头与弹片之间的位置，使摆环箱的摆臂也处于相应的极限位置。

(2)整列。调整所有护刃器的工作面应在同一平面。调整方法可用一截管子套在护刃器尖端校正，也可用榔头轻轻敲打校正。

(3)密接。调整动刀片与护刃器的工作面应贴合，其前端间隙不允许超过0.5毫米，后端间隙不允许超过1.5毫米。动刀片与压刃器工作面之间的间隙允许在0.1～0.5毫米，调整方法是加减调整垫片，或用榔头轻轻敲打压刃器。调整后，动刀片应左右滑动自如。

3. 喂入搅龙的调整收割台喂入搅龙有以下两个需要调整的部分

(1)搅龙叶片与割台底板的间隙(图7-4)。收获一般作物时,该间隙为15~20毫米;收获稀矮作物时,该间隙为10~15毫米;收获高大稠密作物(包括固定作业),该间隙为20~30毫米。调整方法是:松开喂入搅龙传动链张紧轮,然后将割台两侧壁上的螺母2和6松开,再将右侧的伸缩扒指调节手柄螺母松开,拧转调节螺母1使喂入搅龙升起或降落,调到所需要的搅龙叶片与底板的间隙,使间隙在割台全长上一致,并测量伸缩扒指与割台底板的间隙是否合适(一般为10~15毫米)。最后,检查并调整喂入搅龙链条的张紧度,拧紧两侧壁上的所有螺母。

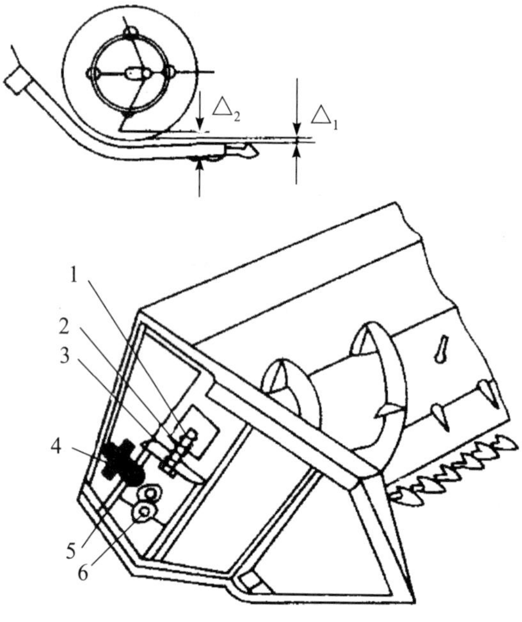

图7-4　收割台喂入搅龙调整

1、2、4、6. 螺母　3. 调节螺栓　5. 伸缩扒指调节手柄

$\triangle_1$. 割台搅龙叶片与底板的间隙　$\triangle_2$. 伸缩扒指与底板的间隙

(2)伸缩扒指与割台底板的间隙。收获一般作物时,该间隙应调

整为10～15毫米；收获稀矮作物时，可调整为不低于6毫米；收获高粗秆稠密作物时，应使伸缩扒指前方伸出量加大，以利于抓取作物，避免缠挂。调整方法（图7－4）是：松开螺母4，转动伸缩扒指调节手柄5，即可改变伸缩扒指与底板的间隙。手柄往上转，间隙减小；手柄往下转，间隙变大。调整完后，将螺母4牢固紧上，以防止脱落打坏机体。

4. 倾斜输送器的调整

倾斜输送器如图7－5所示，主要由主动轴（装有主动滚筒）、被动轴（装有被动滚筒）、链耙、上盖、底板和调整部件等组成。链耙的张紧度以用手在链耙中部能上提20～35毫米为宜。不符合时可通过拧动调整螺母，改变链耙被动轴的位置来进行调整。需要调紧时，先松开螺母4，然后拧紧螺母5，直到张紧度合适，再拧紧螺母4；需要调松时，先松开螺母5，然后拧紧螺母4，待张紧度合适后再拧紧螺母5。调整后的链耙必须保证左右高低一致，两根链条的张紧度一致，同时要检查被动轴是否浮动自如。

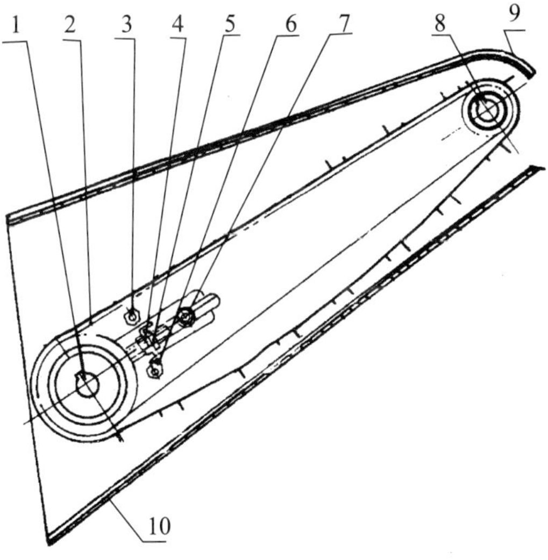

图7－5　倾斜输送器

1. 被动轴　2. 链耙　3. 上限位销　4. 螺母　5. 螺母　6. 下限位销　7. 活动臂螺栓轴　8. 主动轴　9. 上盖　10. 底板

(二)脱粒部分的调整

如图7-6所示,脱粒部分主要由板齿滚筒7、板齿凹板9、轴流滚筒4、活动栅格凹板2、固定栅格凹板14、活动栅格凹板调节机构1、第一分配搅龙5、第二分配搅龙3等部件组成,完成脱粒、分离和抛送工作。

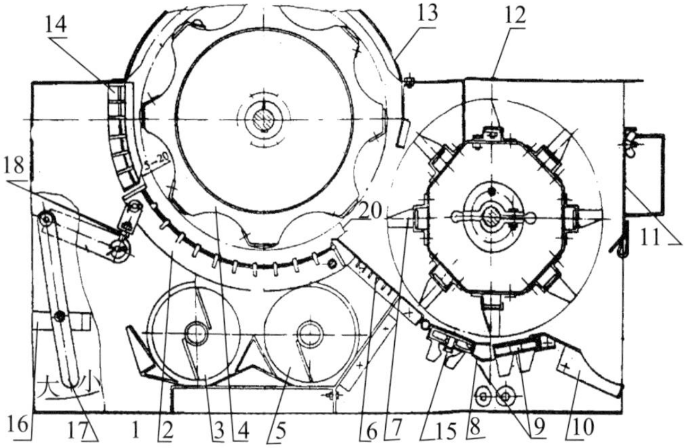

图7-6 脱粒部分

1. 活动栅格凹板调节机构 2. 活动栅格凹板 3. 第二分配搅龙 4. 轴流滚筒 5. 第一分配搅龙 6. 板齿凹板过渡板 7. 板齿滚筒 8. 板齿凹板固定框 9. 板齿凹板 10. 喂入口过渡板焊合 11. 喂入口上封闭板 12. 板齿滚筒室上盖 13. 轴流滚筒室上盖 14. 固定栅格凹板 15. 凹板块固定螺栓 16. 手柄固定板 17. 调节手柄 18. 调节螺杆

影响脱粒质量的主要因素有滚筒转速、板齿凹板正反面配置和活动栅格凹板出口间隙。即使同一种作物,由于品种差异、成熟度不同、干湿度不同,所需的滚筒转速、板齿凹板配置和活动栅格凹板出口间隙也是不一样的。各类作物收获时的滚筒转速、凹板配置和凹板间隙参考数据见表7-1。

表 7－1　各种作物脱粒参数表

谷物种类	轴流滚筒			板齿滚筒		
	转速（转/分）	链轮齿数	活动栅条凹板出口间隙(毫米)	转速（转/分）	链轮齿数	凹板齿排放
小麦	900	18 或 22	5 或 10	522 或 639	31	光面
燕麦	900	18 或 22	5 或 10	522 或 639	31	光面
水稻	900	18 或 22	15 或 20	522，639 或 736，900	31 或 22	2 排或 4 排
大豆	727	18 或 22	15 或 20	427 或 523	31	光面

1. 滚筒转速的调整

板齿滚筒和轴流滚筒之间是采用链传动，可以对两滚筒实现不同的链轮配置而获得 4 种不同的板齿滚筒速度；还可将中间轴带轮和轴流滚筒带轮互换，又可增加 4 种变速，以满足不同作物的脱粒要求。其配组方法如下：

中间轴（$D_0$290）→轴流滚筒（$D_0$265）18 齿链轮→板齿滚筒{31 齿链轮（522 转/分）
22 齿链轮(736 转/分)}

22 齿链轮→板齿滚筒{31 齿链轮(639 转/分)
22 齿链轮(900 转/分)}

中间轴（$D_0$265）→轴流滚筒（$D_0$290）18 齿链轮→板齿滚筒{31 齿链轮（427 转/分）
22 齿链轮（602 转/分）}

22 齿链轮→板齿滚筒{31 齿链轮(522 转/分)
22 齿链轮(727 转/分)}

组配好链轮后，应配以相应链节数的链条。通常遇难脱的品种、成熟度差、湿度大的作物时，宜选用较高的转速；反之，则选用较低的转速。

2. 板齿滚筒的板齿凹板调整

板齿凹板有两个工作面，一面带齿，另一面为光面。共有两块活动凹板，每块带齿一面有两排齿，分别嵌在凹板固定框中用螺栓固定。收水稻时用带齿面，视难脱程度可用两排齿或四排齿，在确保规定的质量指标前提下尽量采用少排齿，以降低破碎和功耗；收其他谷物时，一般用光面作工作面。出厂时以光面作工作面安装。若收水稻需要翻面使用时，首先应打开喂入口上封闭板 11（图 7－6），然后拧下板齿凹板固定框左右各一个固定螺栓，并将板齿凹板总成向后下方转动放下，拧下每块板齿凹板上的左右两个固定螺栓，将其翻转，按拆卸的相反过程安装即可。安装板齿凹板时应注意以下两点。

（1）板齿应向后倾斜，以对物料流动有良好的导向作用，降低阻力。

（2）安装完毕后应转动板齿滚筒，从喂入口观察有无因侧隙过小而碰齿现象，如有，可用撬棒校正，以保证板齿滚筒转动自如，最后装好喂入口上封闭板。

3. 轴流滚筒的栅格凹板出口间隙调整

轴流滚筒栅格凹板出口间隙是指滚筒纹杆段纹杆齿面与活动栅格凹板出口处的间隙，该间隙有 5 毫米、10 毫米、15 毫米、20 毫米 4 挡，分别由栅格凹板调整机构手柄固定板 16（图 7－6）上 4 个螺孔定位调整。调整时，松开调节手柄 17（图 7－6）的固定螺栓，然后将该手柄长孔对准所需间隙对应的螺孔，拧紧固定螺栓。向前转动手柄，间隙变小；向后转动手柄，间隙变大。

作业时，在保证有高的脱净率和草中谷粒夹带少的前提下，应优先选用较低的板齿滚筒转速、板齿凹板光面和较大栅格凹板间隙进行工作。间隙检查须推开观察孔盖进行。

（三）清选部分的调整

该部分主要由筛箱、驱动机构和风扇等组成。

1. 筛片开度的调整

该机型上下筛均为鱼鳞筛，分别由两个调节手柄调节筛片开度，调节范围是0°~45°。上筛用24片鱼鳞筛片构成粗筛，由两个手柄分别控制前段和后段筛片开度。下筛由39片小鱼鳞片构成籽粒筛，后6片为中鱼鳞片构成杂余筛，分别由两个调节手柄控制开度。鱼鳞筛片开度是指筛片尖端至相邻筛片间的垂直距离。

筛片开度应与风扇调整相配合，以达到籽粒损失少、粮箱籽粒清洁率高的目的，基本调整原则如下。

上筛：在粮箱籽粒清洁率不小于98%的前提下，开度应尽可能大一些。收获大粒或杂草多的潮湿谷物时，应全开；收其他谷物时开度不应小于2/3，并使前段开度略小于后段开度。

下筛：为保证清选质量，一般以较小开度为宜，如果上筛全开，下筛可开2/3。下筛应随上筛开度相应减小，但杂余筛开度应尽可能大些。若因谷物杂草过多，使复脱器易堵塞时，应适当将开度关小。

作业时要及时清理上下筛的堵塞，每班作业后，应对上下筛进行彻底清理，清除筛片间麦芒及茎秆杂物，以保证有足够的筛面面积和气流通道。清理时可用钩子轻轻去除杂物或将筛子抽出清理，切勿碰伤筛子。

2. 风量的调整

该机型采用离心式风扇，通常用两片调风板调节左右进风口开度，调节进气量。收获水稻等轻质籽粒作物时，应装上备用的两片风板，供进行较大范围的风量调节。风量大小是否适中，可由粮箱中籽粒的清洁率和颖壳中含有的籽粒多少来检验：粮中糠多，应加大风量；糠中粮多，应减小风量。风量的调节要与筛片开度相匹配。

八、普通“V”形带和变速“V”形带的使用

在小麦联合收获机上，传动系统用了较多的“V”形皮带传动，为了延长“V”形带的使用寿命，在使用中应注意以下几个问题。

(1)装卸“V”形带时应将张紧轮固定螺栓松开，或将无级变速

皮带轮张紧螺栓和栓轴螺母松开，不得硬将传动带撬下或逼上。必要时，可以转动皮带轮将皮带逐步盘下或盘上，但不要太勉强，以免破坏皮带内部结构或拉坏轴。

（2）安装皮带轮时，同一回路中的皮带轮轮槽对称中心面（对于无级变速轮，动轮应处于对称中心面位置）位置度偏差不大于中心距的 0.3%（一般短中心距允许偏差为 2 ~3 毫米，中心距长的允许偏差为 3 ~4 毫米）。

（3）要经常检查皮带的张紧程度，过松或过紧都会缩短其使用寿命，对此，可参考机器使用说明书中的值进行调整。三根脱谷传动皮带属于配组带，同组皮带内周长之差不允许超过 8 毫米，更换时应更换一组。

（4）机器长期不使用时，皮带应放松。

（5）皮带不要弄上油污，沾有油污时应及时用肥皂水进行清洗。

（6）注意皮带的工作温度不能过高，一般不超过 50 ~60℃（手能长时间触摸）。

（7）“V”形带以两侧面工作，如果皮带底与带轮槽底接触、摩擦，说明皮带或带轮已磨损，需更换。

（8）要经常清理带轮槽中的杂物，防止锈蚀，以减少皮带与带轮的磨损。

（9）皮带轮转动时，不许有大的摆动现象，以免缩短皮带的使用寿命。

（10）皮带轮缘有缺口或变形张口时，应及时修理更换，以免啃坏皮带。

（11）长期不用时，应将皮带拆下，保存在阴凉干燥的地方，挂放时，应尽量避免打卷。

九、链条的使用

在小麦联合收获机上，传动系统用了较多的链条传动，为了延长链条的使用寿命，在使用中应注意以下几个问题：

(1)在同一传动回路中的链轮应安装在同一平面内,其轮齿对称中心面位置度偏差不大于中心距的0.2%(一般短中心距允许偏差为1.2~2毫米,中心距较长的允许偏差1.8~2.5毫米)。

(2)链条的张紧度应合适,按规定值进行调整。

(3)安装链条时,可将链端绕到链轮上,便于连接链节。连接链节应从链条内侧向外穿,以便从外侧装连接板和锁紧固件。

(4)链条使用伸长后,如张紧装置调整量不足,可拆去两个链节继续使用。如链条在工作中经常出现爬齿或跳齿现象,说明节距已伸长到不能继续使用,应更换新链条。

(5)拆卸链节冲打链条的销轴时,应轮流打链节的两个销轴,销轴头如已在使用中撞击变毛时,应先磨去毛边。冲打时,链节下应垫物,以免打弯链板。

(6)链条应按时润滑,以提高使用寿命,但润滑油必须加到销轴与套筒的配合面上。因此应定期卸下润滑。卸下后先用煤油清洗干净,待干后放到机油中或加有润滑脂的机油中加热浸煮20~30分钟,冷却后取出链条,滴干多余的油并将表面擦净,以免在工作中粘附尘土,加速链传动件磨损。如不热煮,可在机油中浸泡一夜。

(7)链轮齿磨损后可以反过来使用,但必须保证传动面安装精度。

(8)新旧链节不要在同一链条中混用,以免因新旧节距的误差而产生冲击,拉断链条。

(9)磨损严重的链轮不可配用新链条,以免因传动副节距差,使新链条加速磨损。

(10)机器存放时,应卸下链条,清洗涂油后再装回原处,或者最好用纸把涂油链条包起来,以免粘尘土,并存放在干燥处。链轮表面清理干净后,应涂抹油脂防止锈蚀。

十、轮胎的使用

自走式联合收获机多采用橡胶充气轮胎，为了延长轮胎的使用寿命，应注意轮胎的气压、保养等事项。

（1）每天在联合收割机工作前，要按规定检查轮胎的气压，轮胎气压与规定不符时禁止工作。测试轮胎气压应在轮胎冷状态时进行。

（2）轮胎不准粘染油污和油漆。

（3）联合收割机每天工作后要检查轮胎，特别要清理胎面内侧粘积的泥土（以免撞挤变速箱输入带轮和半轴固定轴承密封圈），检查轮胎有无夹杂物，如铁钉、玻璃、石块等。

（4）夏季作业因外胎受高温影响，气压易升高，此时禁止降低发热轮胎气压。

（5）当左右轮胎磨损不匀时，可将左右轮胎对调使用。

（6）安装轮胎时，应在干净的地面上进行。安装前，应把外胎的内面和内胎的外面清理干净，并撒上一薄层滑石粉，然后将内胎装入轮胎内，要注意避免折叠。将气门嘴放入压条孔内之后，再把压条放在外胎与内胎之间，装入轮辋内。

（7）机器长期存放时，必须将轮胎架空并放气至0.05兆帕。

十一、谷物联合收获机的技术保养与保管

（一）班保养

（1）发动机的班保养按相应机型的使用说明书进行。

（2）彻底清除机器各部分的缠草、颖糠、麦芒、碎秆等堵塞物。特别要注意清除拨禾轮、切割器、喂入搅龙、滚筒和凹板、阶梯板、清选筛、逐稿轮和逐稿器内的堵塞物。

（3）检查切割器有无损坏、松动，以及切割间隙是否正常。

（4）检查脱粒元件的固定及磨损情况。

（5）检查各链条和传动带的张紧度及轮轴的固定情况。

（6）检查各紧固件的紧固情况。

（7）检查液压油箱的油位及各接头的连接紧固情况。

（8）检查各处的密封情况，不得有漏粮现象。

(9)按规定润滑各部位。加注润滑油的工具要保持洁净,注油时应擦净油嘴、加油盖及其周围地方,防止尘土入内。

(二)联合收获机的保管

收获季节结束后,应对机器进行全面的保养并妥善保管,以延长机器使用寿命。保管工作要注意以下内容:

(1)停机前用大、中油门使收获机空运转5分钟,排除尘土和杂物。

(2)彻底清扫机器内外尘土和杂物。

(3)按使用说明书要求,润滑各润滑点。

(4)对磨去漆层的外露部件经除锈后要重新油漆,对摩擦金属表面如各调节螺纹,要涂油防锈。

(5)放松安全离合器弹簧和割台搅龙浮动弹簧等。

(6)取下全部传动带,对能使用的皮带应擦去污物,涂上滑石粉,系上标签,妥善保管。

(7)卸下链条,放在柴油或煤油中洗净,晾干后再放入机油中浸15~20分钟,装回原处,或系上标签装箱保管。

(8)卸下割刀并涂抹黄油,然后吊挂存放。将收割台降下,放到垫木上,放松平衡弹簧,使活塞杆完全缩入油缸,以免锈蚀。把前后桥用千斤顶顶起,垫上木块,使机器平稳安放。轮胎离开地面并放气至0.05兆帕,防止日晒雨淋。

(9)卸下蓄电池,进行检查和保管。

(10)发动机按《柴油机使用说明书》进行保管。

(11)联合收割机应存放在干燥、无灰尘、地面平坦、有水泥或铺砖地面的室内,室内的昼夜温差尽可能的小,不要露天存放。若不得已在棚子内存放时,则应选干燥、通风良好处,地面应铺砖。支起联合收割机的前后桥,让轮胎离地,将轮胎放气至0.05兆帕,并防止日晒雨淋。

十二、谷物联合收获机常见故障与排除

自走式谷物联合收获机常见故障见表7－2、表7－3、表7－4。

表 7－2　收割台故障及排除方法

常见故障现象	故障原因	排除方法
割刀堵塞	1. 遇到石块、木棍、钢丝等硬物 2. 动、定刀片切割间隙过大引起切割夹草 3. 刀片或护刃器损坏 4. 因作物茎秆低而引起割茬低而使割刀上壅土	1. 立即停车排除硬物 2. 调整刀片间隙 3. 更换刀片和修磨护刃，或更换护刃器 4. 提高割茬和清理积土
收割台前堆积作物	1. 割台搅龙与割台底间隙过大 2. 茎秆短，拨禾轮太高或太偏前 3. 拨禾轮转速太低 4. 作物短而稀	1. 按要求调整间隙 2. 下降或后移拨禾轮，尽可能降低割茬 3. 提高拨禾轮转速 4. 提高机器前进速度
作物在割台搅龙上架空、喂入不畅	1. 机器前进速度偏高 2. 拨齿伸出位置不对 3. 拨禾轮离喂入搅龙太远	1. 降低机器前进速度 2. 向前上方调整伸缩位置 3. 后移拨禾轮
拨禾轮打落籽粒太多	1. 拨禾轮转速太高，打击次数多 2. 拨禾轮位置偏前，打击强度高 3. 拨禾轮位置偏高，打击穗头	1. 降低拨禾轮转速 2. 后移拨禾轮位置 3. 降低拨禾轮高度
拨禾轮翻草	1. 拨禾轮位置太低 2. 拨禾轮弹齿后倾偏大 3. 拨禾轮位置偏后	1. 提高拨禾轮位置 2. 按要求调整拨禾轮弹齿角度 3. 拨禾轮位置前移
拨禾轮轴缠草	1. 作物长势蓬乱 2. 作物茎秆过高过湿	1. 停车及时排除缠草 2. 适当升高拨禾轮位置
被割作物向前倾倒	1. 机器前进速度偏高 2. 拨禾轮转速太低 3. 切割器上壅土 4. 动刀切割速度太低	1. 降低机器前进速度 2. 提高拨禾轮转速 3. 清理切割器壅土 4. 检查调整摆环箱传动带张紧度

表 7-3　脱谷部分的故障及排除方法

常见故障现象	故障原因	排除方法
滚筒堵塞	1. 板齿滚筒转速偏低或滚筒带、联组带张紧度偏小 2. 喂入量偏大 3. 作物潮湿 4. 作物倒伏方向紊乱 5. 作业时发动机油门不到额定位置	1. 关闭发动机。将活动凹板放到最低位置,打开滚筒室周围各检视孔盖和前封闭板,盘动滚筒带,将堵塞物清除干净。适当提高板齿滚筒转速,或调整皮带张紧度 2. 降低机器前进速度或提高割茬 3. 适当延期收获,或降低喂入量 4. 降低喂入量 5. 将油门调到位
滚筒脱粒不净偏高	1. 板齿滚筒转速偏低 2. 活动凹板间隙偏大 3. 作物过于潮湿而用凹板光面工作 4. 喂入量偏大或不均匀 5. 纹杆磨损或凹板栅格变形	1. 提高板齿滚筒转速 2. 减小活动凹板出口间隙 3. 将板齿凹板齿面翻于工作位置 4. 降低机器前进速度 5. 更换或修复
谷粒破碎太多	1. 板齿滚筒转速过高,或板齿凹板参与脱粒 2. 板齿凹板间隙偏小 3. 作物过熟,或霜后收获 4. 籽粒进入杂余搅龙太多 5. 复脱器揉搓作用太强	1. 降低板齿滚筒转速,或将板齿凹板翻转用光面工作 2. 适当放大活动凹板出口间隙 3. 适当提早收获 4. 适当减小风扇进风量,开大筛前段开度 5. 适当减少复脱器搓板数
谷粒脱不尽而破碎多	1. 活动凹板扭曲变形,两端间隙不一致 2. 板齿滚筒转速偏高,而板齿凹板齿面未参与工作 3. 板齿凹板齿面参与工作,板齿滚筒转速较低 4. 活动凹板间隙偏大,板齿滚筒转速偏高 5. 活动凹板间隙偏小,板齿滚筒转速偏低 6. 轴流滚筒转速偏高	1. 校正活动凹板 2. 降低板齿滚筒工作转速,将板齿凹板齿面翻到工作位置 3. 将板齿凹板光面作工作面,适当提高板齿滚筒转速 4. 适当缩小间隙和降低转速 5. 适当放大活动凹板间隙和提高转速 6. 降低轴流滚筒转速

（续表）

常见故障现象	故障原因	排除方法
滚筒转速失稳或有异常声音	1. 脱谷室物流不畅 2. 滚筒室有异物 3. 螺栓松动或脱落或纹杆损坏 4. 滚筒不平衡或变形 5. 滚筒轴向窜动与侧壁摩擦 6. 轴承损坏	1. 适当放大活动凹板间隙，提高板齿滚筒转速，校正排草板变形 2. 排除滚筒室异物 3. 拧紧螺栓，更换纹杆 4. 重新调平衡，修复变形或更换滚筒 5. 调整并紧固牢靠 6. 更换轴承

表 7－4　脱谷分离和清选部分故障及排除方法

常见故障现象	故障原因	排除方法
排草中夹带籽粒偏高	1. 发动机未达到额定转速，或联组带、脱谷带未张紧 2. 板齿滚筒转速过低或栅格凹板前后“死区”堵塞，分离面积减小 3. 喂入量偏大	1. 检查油门是否到位，或张紧联组带、脱谷带 2. 提高板齿滚筒转速，清理栅格凹板前后“死区”堵塞 3. 降低机器前进速度或提高割茬
排糠中籽粒偏高	1. 筛片开度偏小 2. 风量偏大籽粒吹出 3. 喂入量偏大 4. 茎秆含水量太低，茎秆易碎 5. 板齿滚筒转速太高，板齿凹板齿面参与工作，清选负荷加大 6. 风量偏小，籽粒在糠中吹不散	1. 适当提高筛片开度 2. 关小调风板开度，必要时将备用一对调风板投入使用；或拆卸两片风扇叶片 3. 降低机器前进速度或提高割茬 4. 提早收获期 5. 降低滚筒转速，用板齿凹板光面工作 6. 增大调风板开度
粮中含杂率偏高	1. 上筛前段筛片开度偏大 2. 风量偏小	1. 适当降低该筛片开度 2. 适当增大调风板开度
杂余中颖糠偏高	1. 风量偏小 2. 下筛后段筛片开度偏大	1. 适当增大调风板开度 2. 下筛后段筛片开度适当减小

（续表）

常见故障现象	故障原因	排除方法
粮中穗头偏高	1. 上筛前段开度偏大 2. 风量偏小 3. 板齿滚筒转速偏低，且凹板齿面参与工作 4. 复脱器未装搓板	1. 适当减小该段筛片开度 2. 适当开大调风板开度 3. 提高板齿滚筒转速，用板齿凹板光面工作 4. 复脱器内装上搓板，开大杂余筛片开度
复脱器堵塞	1. 清选带张紧度偏小 2. 作物潮湿或品种口紧，进入复脱器杂余量大 3. 安全离合器弹簧预紧扭矩不足	1. 提高清选带张紧度 2. 提高板齿滚筒转速，加大调风板开度，增加复脱器搓板 3. 停止工作，排除堵塞，检查安全离合器预紧扭矩是否符合规定

十三、久保田半喂入联合收获机的调整

1. 分禾板的上下调整

湿田作业时，机体下沉，割台上仰，或收割倒伏作物时需扶起更多倒伏作物，需松开调整螺栓，向下调整分禾板尖端部。调整时应将 3 块分禾板调节到相同的高度。

2. 扶禾爪高度的调整

根据作物状况，调节扶禾爪的收起位置高度。调整方法是解除扶禾部内侧的滑动导轨的锁定杆，上下移动滑动导轨，在合适的位置锁定。调整时应将扶禾链条的扶禾爪（导轨）都选择在相同的位置。

3. 右穗端链条输送爪导轨的调整

易脱粒的水稻在右穗端链条处易出现掉粒损失，应调整右穗端链条的输送爪的收起位置。其方法为首先松开固定右爪导轨的螺母 A（图 7－7），然后松开螺母 B，从①位置向②位置方向移动，进行调整，最后拧紧两个螺母。

4. 扶禾调速手柄的调节

根据倒伏情况，扶禾调速手柄可以在“低速”、“中速”、“高速”三段调节扶禾链的速度。

5. 割刀动定刀间隙的调整

从割刀组件上拆下刀夹，清除泥土，将割刀和固定刀的间隙

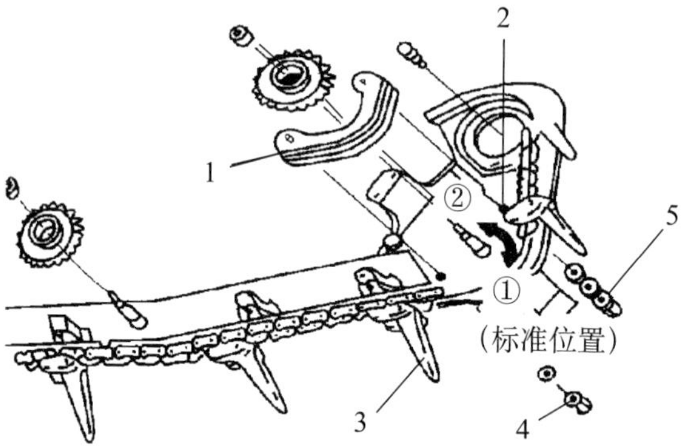

图7-7 右穗端链条的输送爪导轨的调整

1. 右爪导轨 2. 长孔 3. 右爪 4. 螺母A 5. 螺母B

(用增减垫片的方法)调整为0~0.5毫米,调整至能用手左右移动割刀,如图7-8所示。

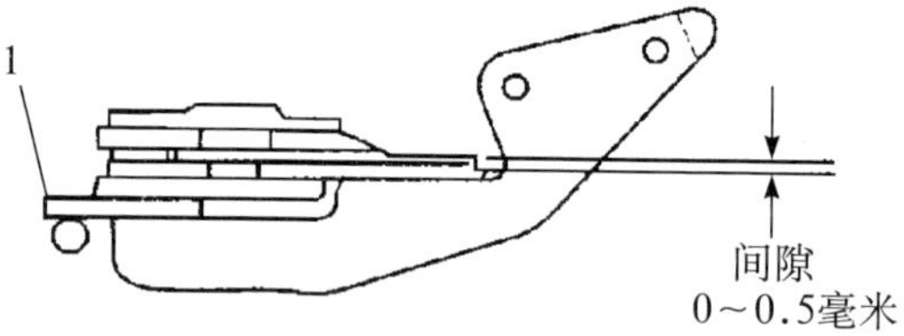

图7-8 割刀动定刀间隙的调整

1. 调整垫片

6. 割刀曲柄连杆的调整

将左右割刀向内侧移动,在最大的位置上停止收割部分的转动。松开曲柄连杆的左右两个固定螺母,转动曲柄连杆,将割刀片和固定刀片的中心错位调整在2毫米以内。在割刀的中央位置确认左右割刀的间隙是否为4~6毫米。然后拧紧固定螺母,如图7-9所示。

7. 切刀和输送刀之间间隙的调整

切刀和输送刀之间的间隙不能过大或过小,一般为4.5~7毫米。调整时应拆下切草器左侧盖板和切草器驱动带,旋转38T齿

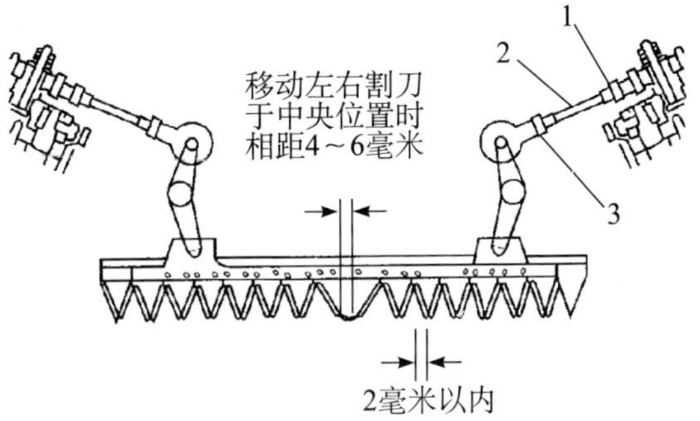

图7－9　割刀曲柄连杆的调整

1,3. 固定螺母　2. 曲柄连杆

轮,调整间隙为4.5～7毫米。用手转动切草器驱动带轮,确认没有异常声响后装上切草器驱动带,安装切草器左侧盖板。

8. 脱粒室导板调节杆的调节

脱粒滚筒负载过大造成异常声响、收割倒伏或潮湿作物、谷粒损伤较多、筛选不良、谷粒飞散较多等情况,应进行脱粒室导板调节杆的调节。

9. 清选风机风量的调整和摇动筛开启程度的调整

根据作物种类、筛选情况、稻谷飞散损失等情况调整风量调节杆进行鼓风机风量的调整,调整摇动筛调整杆调整筛子的开启程度。

10. 筛选箱增强板的调整

出厂时增强板在标准位置,当筛选状态不好或带枝梗谷粒比较多时将增强板向后方调整。

11. 筛选板的调整

排尘损失比较多时,筛选板向上位置调整;收割潮湿、杂草多、高速收割时,将筛选板向下方调整。具体方法为打开切草器,松开4颗M6的螺母进行位置调整后再拧紧螺母,关闭切草器。

十四、久保田半喂入联合收获机的操作

(一)使用前的检查与准备

为防止故障发生,使用前务必认真阅读使用说明书,掌握机器

的使用方法，并进行检查和准备工作（注意在检查、调整、清扫、加油、补充黄油时必须停止发动机）。

（1）检查是否有磨损或损坏的零部件，并及时更换。

（2）定期检查螺栓及螺母是否松动或脱落。

（3）检查机油、燃料是否在规定的正常的工作量，检查时应将机器停在水平地面上。

（4）燃料、机油溢出时应擦干净。

（5）检查蓄电池、消声器、发动机、燃料箱、带盖内、接线部周围及机体各部分是否粘有垃圾及燃料、或堆积的草屑，检查进气滤网是否堆积灰尘，防尘网是否堵塞。

（6）检查、清扫割刀或切割器，小心刀刃。

（7）发动机机油、防冻液、变速箱机油、黄油必须使用指定产品。

（8）补充燃料或更换机油时注意不要混入杂物或水。

（9）检查车体各部分是否变形或损伤。

（10）检查油或水是否泄漏。

（11）检查脱粒网是否有磨损或破损。

（12）检查风扇驱动带是否松动或损伤。

（13）检查散热器冷却水的水量是否在规定值。

（14）检查各指示灯、仪表、启动发动机，看是否正常。

（15）发动机启动前应将各离合器放在“离”的位置，将主调速手柄放在“停止”的位置。

（16）若在室内启动发动机，应使室内通风换气，空气流通。

（二）操作注意事项

（1）检查、维修及收割作业时，不要让小孩靠近机器，操作者也必须培训合格后才能驾驶，而且应穿适宜作业的服装。

（2）移动行走时应将割台升起，发动机转速在 2 000 转/分以上，路上行走转弯时应慢慢操作。

（3）补充燃料时应停止发动机，严禁烟火，而且应擦拭溢出的燃料或机油。

(4)机器移动时应按响喇叭,注意周围的安全。

(5)在一般道路、坡道、田埂或其他特殊路面行走时应注意安全,按照使用说明书的要求安全驾驶。

(6)除驾驶者外不要搭乘其他人。

(7)在收割作业时,如遇到异常应马上停止发动机;禁止在脱粒滚筒、发动机盖、切草器等旋转物打开的状态下启动发动机,同时发动机旋转时也禁止打开各个部分。

(8)工作时,切草器后严禁站人。

(9)蓄电池不能接近明火,不让电线短路,产生火花。

(10)使用中按说明书要求,注意防止火灾和烫伤,作业时应带上灭火器。

(11)在需要停车时,将主调速手柄放在"停止"位置。

(12)行走时踩停车刹车有翻车、冲撞的危险,所以行走时不得踩停车刹车。

(13)用副调速的"行走"挡进行收割作业时会造成事故,不可这样操作。

(14)收割作业以外的时间应卸下全部谷物,各离合器放在"离"的位置。

(15)联合收割机在装卸、翻越田埂时,因有翻车、落下的危险,必须按要求操作。

(16)需打开发动机室盖进行检查、维修时,应确认没有烫伤危险再进行。

(17)清除卷附在链条上的秸秆时必须关停发动机,也不要将手从盖板下侧伸入内部。

(18)清除卷附在切刀轴上的秸秆时必须关停发动机,也不要将手伸入盖板内,以免被高速旋转的切刀伤到。

十五、久保田半喂入联合收获机的维护与保管

联合收割机随着使用时间的延长及使用状况的不同,会出现一定程度的老化,其构造和装置性能也会相应降低,为充分发挥收割机的性能，延长其寿命，应按使用说明书的要求定期进行检查，及时完成加油、加水、更换或调整工作部件、清扫等维护内容。

（一）每班收割作业后的维护

（1）将收割机停放在较平坦的地方，清除机体各部分的草屑，如有必要，再给各部分加油。

（2）将收割部分降落至与地面接触。

（3）关闭发动机，拔出主开关的开关钥匙。

（4）盖上车罩。

（二）长期收放时的维护

收割季节结束后，要等到明年才使用，因而机器有较长时间不使用，所以在收放前应对各部分进行仔细检查和调整。

（1）对各部分进行清扫、加油和维修在平坦的地方，停下机器，进行以下操作。

①清除机器各部分的草屑或杂草后，再加油；

②用水将粘附在各部分的泥土等脏物冲洗干净，再用干布擦干；

③给各链条、旋转部和各摩擦活动部分加入充足的黄油，防止生锈。

另外，涂漆脱落的地方要重新涂漆，防止生锈。

（2）放出发动机散热器里的冷却水。在冬季为了防止发动机被冻裂，应排掉散热箱的冷却水，或在散热器中加入蒸馏水和防冻液各一半。

（3）蓄电池。从车体上取下蓄电池，将电解液补充到规定量，然后在充足电之后，保存在阳光不能直射到的、干燥的地方。

（4）各操作杆及其他。在检查、调整结束后送入车库停放时，在履带的下面应垫上板，将收割部分放下与地面接触，并进行下列几项工作。

①分别收起分草杆、左右辅助踏板、安全靠背挡杆；

②将加油手柄推到底；

③各作业离合器杆置于“离”的位置；

④拔出主开关的开关钥匙，妥善保管；

⑤盖上车罩。

十六、久保田半喂入联合收获机的常见故障与排除方法

常见故障及排除方法见表7－5。

表7－5　久保田半喂入联合收获机的常见故障与排除方法

故障现象	故障原因	排除方法
启动电机转动，但发动机无法启动	1. 没有燃料 2. 燃油滤清器不良 3. 油水分离器内积水	1. 添加燃料 2. 检查并更换 3. 清除油水分离器中的积水和杂物
启动电机不转导致发动机无法启动	1. 主调速手柄不在“停止”位置 2. 蓄电池没电 3. 保险丝、总保险丝被熔断	1. 将主调速手柄置于“停止”位置 2. 充电，检查蓄电池电解液，如果不足，补充蒸馏水 3. 检查并更换保险丝
冷却水温度高导致水温指示灯亮	1. 冷却水不足 2. 冷却风扇皮带松弛打滑 3. 散热器粘有泥尘	1. 检查是否有漏水处，修理后，补足冷却水 2. 张紧皮带 3. 清洁散热片
收割机不能收割作物、作物被压倒	1. 在割刀或输送部夹有泥土、石块等杂物 2. 收割驱动带打滑 3. 单向离合器磨损 4. 由于根茎被拔起，造成输送部堵塞	1. 清除 2. 调整驱动带张紧度 3. 更换单向离合器 4. 检查分禾板，将分禾板前端部调整到相同高度；调整作业速度
不能输送作物、输送状态混乱	1. 链条或爪形带松弛 2. 脱粒深浅位置不合适 3. 扶禾器的输送状态混乱 4. 低速作业时输送状态混乱	1. 检查链条、爪形带，进行适当的张力调整 2. 调整脱粒深浅控制装置 3. 调节扶禾器变速手柄及副调速手柄位置；调整扶禾框架的滑动导轨 4. 通常在“标准”的位置进行作业，在田边用低速进行收割作业时，如果有茎秆堆集于链条脱粒，将副调速杆置于“低速”位置进行作业
割茬不齐	1. 割刀有泥土、稻草等杂物 2. 割刀浮空 3. 割刀弯翘 4. 割刀损坏	1. 清除杂物 2. 调整割刀片和固定刀片的间隙 3. 修正割刀 4. 更换割刀

（续表）

故障现象	故障原因	排除方法
飞散稻谷太多	1. 发动机转速过高 2. 脱粒室排尘调节开得过大 3. 清选装置调节不当 4. 摇动筛增强板调节不当 5. 筛选板在“下”位置 6. 水稻产量高，叶子较青	1. 调节油门手柄使发动机恢复正常转速 2. 检查并调整脱离室的排尘调节手柄到标准位置 3. 调节清选装置风量调整杆和摇动筛调整杆 4. 向机体前方调整摇动筛增强板 5. 将筛选板调到“标准”或“上”位置 6. 降低收割速度，窄副收割
再筛选螺旋杆堵塞	1. 再筛选螺旋杆有异物卡住 2. 再筛选螺旋杆转速太低	1. 检查传送箱，清除异物 2. 调整传动带张紧力
小枝梗多、碎粒多	1. 发动机转速过低 2. 脱粒齿磨损 3. 脱粒室排尘过大 4. 摇动筛开量调节板过分打开	1. 调节油门手柄使发动机恢复正常作业速度 2. 更换脱粒齿 3. 检查并调整脱粒室的排尘调节手柄到标准位置 4. 将摇动筛调整杆向“闭”的方向调整
收获后的稻谷有断草、杂物混入	1. 发动机转速过低 2. 清选风机风量小 3. 摇动筛开量调节板过分打开 4. 摇动筛增强板过分打开 5. 清选风机的风路被草屑或谷物堵塞	1. 调节油门手柄使发动机恢复正常作业速度 2. 将风量调整杆向“强”的方向调整 3. 将摇动筛调整杆向“闭”的方向调整 4. 将摇动筛增强板向机体后方方向调整 5. 清除
收获后的谷粒破碎率高	1. 发动机转速过高 2. 脱粒室排尘过小 3. 清选风机风力过强 4. 摇动筛开量过小	1. 调节油门手柄使发动机恢复正常作业速度 2. 将脱粒室导板调节手柄向“开”的方向调整 3. 将风机风量调整杆向“弱”的方向调整 4. 将摇动筛调整杆向“开”的方向调整

（续表）

故障现象	故障原因	排除方法
切草器切断的草杆变长	1. 切草器的切草刀有缺口 2. 脱粒深浅调节得过深 3. 切草器刀的间隙过宽，由于切草器刀的磨损，重叠量变小	1. 更换新的刀片 2. 调整脱粒深浅控制装置，使穗端对准脱粒滚筒入口的“脱粒深浅指示标设”的标准位置 3. 调整刀的间隙和重叠量
脱粒不净	1. 脱粒深浅调节得过浅 2. 发动机转速过低 3. 脱粒滚筒转速过低	1. 调整脱粒深浅控制装置，使穗端对准脱粒滚筒入口的“脱粒深浅指示标设”的标准位置 2. 调节油门手柄使发动机恢复正常作业速度 3. 提高脱粒滚筒转速

第八章　玉米收获机的结构与工作

一、玉米收获机的类型

玉米收获机根据摘穗装置的配置方式不同，可分为立式摘穗辊机型和卧式摘穗辊机型。根据与动力挂接方式的不同又可分为牵引式、背负式、自走式机型和玉米专用割台。

（一）立辊式玉米收获机

图8－1为4YL－2型立辊式玉米收获机的结构与工艺流程示意图。它由分禾器、喂入装置、摘穗装置、剥皮装置、升运装置、排茎装置、茎秆切碎装置、机架和传动系统等组成。

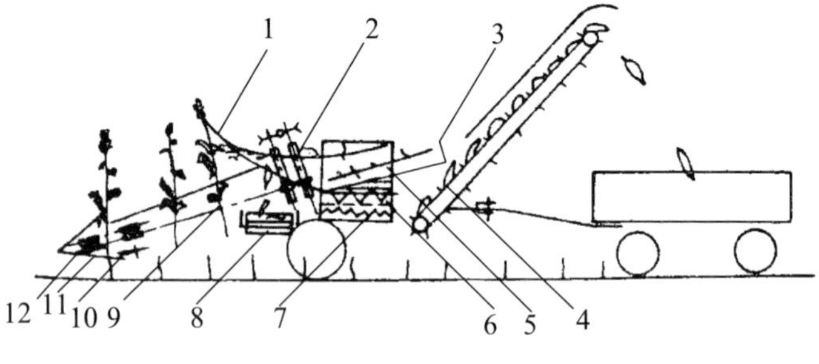

图8－1　4YL－2型立辊式玉米收获机

1. 挡禾轮　2. 摘穗器　3. 放铺台　4. 第二升运器　5. 剥皮装置　6. 苞叶输送螺旋　7. 籽粒回收螺旋　8. 第一升运器　9. 喂入链　10. 圆盘切割器　11. 分禾器　12. 拨禾链

工作时，机器顺行前进，分禾器从根部将玉米秆扶正并引向拨禾链，拨禾链将茎秆推向切割器。割断后的茎秆继续被夹持向后输送，茎秆在挡禾板阻挡下转一角度后从根部喂入到摘穗器。摘穗器每行有两对斜立辊，前辊起摘穗作用，后辊起拉引茎秆的作用，在此过程中果穗被摘下，落入第一升运器并送至剥皮装置。茎秆则落到放铺台上，经台上带拨齿的链条将茎秆间断地堆放于田间。剥去苞叶的果穗落入第二升运器。剥下的苞皮和其中的籽粒在随苞皮螺旋推运器向外运动的过程中,籽粒通过底壳上的筛孔落到下面的籽粒回收螺旋推运器中,经第二升运器,随同清洁的果穗一起送入机后的拖车中,苞皮被送出机外。

若需茎秆还田,可将铺台拆下,换装切碎器,将茎秆切碎抛撒于田间。

立辊式玉米收获机的摘穗方式为割秆后摘穗。

(二)卧辊式玉米收获机

图8－2为4YW－2型卧辊式玉米收获机的结构与工作过程示意图。

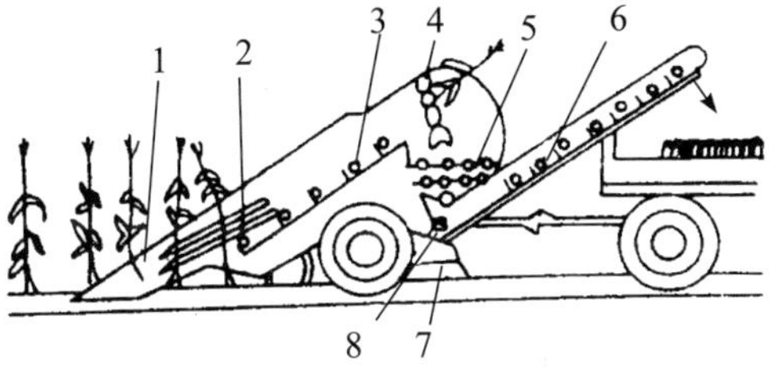

图8－2　卧辊式玉米收获机工作过程示意图

1. 扶导器　2. 摘穗辊　3. 第一升运器　4. 排茎辊　5. 剥皮装置
6. 第二升运器　7. 茎秆切碎装置　8. 籽粒输送器

工作时,分禾器将茎秆导入茎秆输送装置,在拨禾链的拨送和夹持下,经卧辊前端的导锥进入摘穗间隙,摘下果穗,落入第一升运器,个别带断茎秆的果穗经第一升运器末端时被排茎辊抓取,进行二次摘穗。果穗落入剥皮装置,剥下苞皮的干净果穗落入第二升运器,送入机后的拖车中。剥下的苞皮及夹在其中的籽粒一起落入苞叶螺旋推运器,在向外运送过程中,籽粒通过底壳上的筛孔落入籽粒回收螺旋推运器中,经第二升运器,随同清洁的果穗送入机后的拖车中,苞皮被送出机外。摘穗后的秸秆被切碎器切碎,均匀地抛撒于地面。

卧辊式玉米收获机的摘穗方式为站秆摘穗。

上述两种玉米收获机工作性能基本相同。落粒损失 2% 以下，摘穗损失 2% ~3%，总损失 4% ~5%，苞叶剥净率 80% 以上。

在玉米潮湿、水分较大、植株密度较大、杂草较多的情况下，立辊式玉米收获机摘辊易产生堵塞，而卧辊式收获机适应性较强，故障较少(因该机只有茎秆上部入辊)；但若果穗部位较低或有矮小玉米时，则立辊式果穗丢失较少。此外，立辊式能进行茎秆铺放而卧辊式不能获得完整茎秆。

(三)自走式玉米收获机

图 8－3 为自走式玉米收获机的结构示意图。它由发动机、底盘、工作部件(包括割台、升运器、茎秆粉碎装置、果穗箱、除杂装置等)、传动系统、液压系统、电气系统和操纵系统等组成。

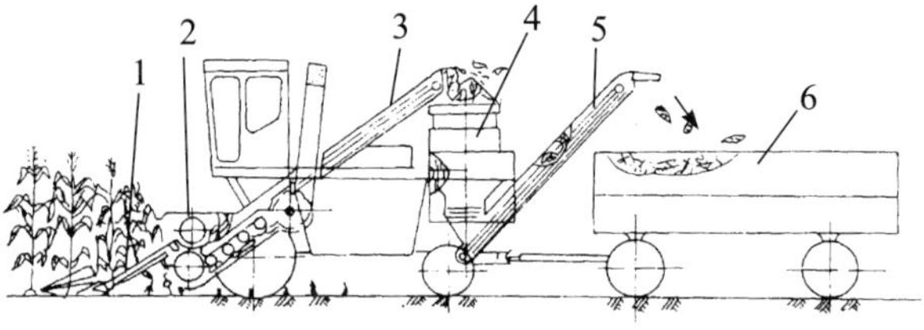

图 8－3 自走式玉米收获机结构示意图

1. 茎秆扶持装置 2. 摘穗装置 3. 第一升运器 4. 剥皮装置 5. 第二升运器 6. 拖车

工作时，收获机沿玉米行间行走，玉米茎秆被茎秆扶持器导入割台茎秆导槽，再被喂入链抓取进入摘穗装置。茎秆被拉茎辊拉过摘穗板的工作间隙，果穗被摘下，而茎秆被粉碎装置切断并粉碎还田。摘下的果穗由喂入链送到果穗搅龙输送器，再被送到第一升运器，由第一升运器进入剥皮装置。果穗借助于剥皮辊和压送机构剥下玉米苞叶，剥去苞叶的果穗进入第二升运器，然后输送到运输拖车中。苞叶和被剥皮辊挤压下来的玉米籽粒送往苞叶输送器，玉米籽粒被筛出，进入第二升运器运至拖车中，而苞叶被排出机外。

自走式玉米收获机具有结构紧凑、性能较完善、作业效率高等优点，但机器售价较高，构造复杂。

（四）牵引式玉米收获机

牵引式玉米收获机是我国最早研制和开发的机型，一般为2～3行侧牵引。配套动力为30～60千瓦的拖拉机。牵引式玉米收获机具有结构较简单、价格低廉、使用可靠性好等优点，但由于机组较长使得转弯半径大，需在地头开阔的地块中作业，且在作业前需由人工割出割道。

（五）背负式玉米收获机

背负式玉米收获机是指将玉米收获机悬挂在拖拉机上，使其与拖拉机形成一体，形式与自走式玉米收获机相近。有前悬挂、侧悬挂和倒悬挂3种，目前，使用较多的是前悬挂。整机结构紧凑，价格低廉，转弯半径小，适应性强。因动力与收获机可分离，提高了动力机的利用率。

（六）玉米专用割台

玉米专用割台用于替换谷物联合收获机上的谷物收割台，从而将谷物联合收获机转变成玉米联合收获机，提高了谷物联合收获机的利用率和用户的经济效益。但要求收获时的玉米籽粒含水率低，否则会增加脱粒时的籽粒破碎率。

二、雷沃4YZ－3C型自走式玉米收获机

该机是由福田雷沃国际重工股份有限公司生产的。

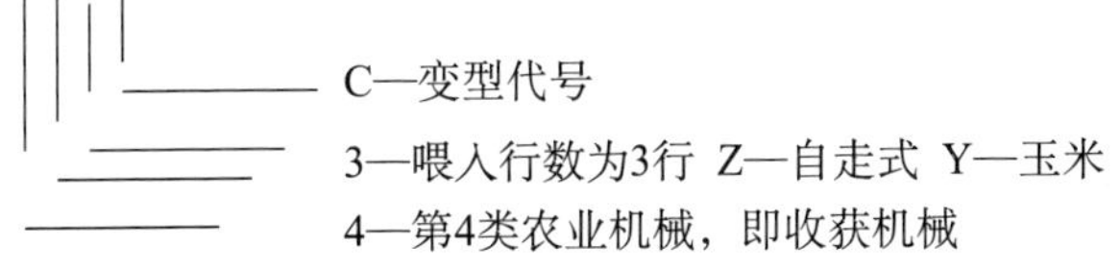

（一）结构

4YZ－3C 型自走式玉米收获机的结构如图 8－4 所示。

a

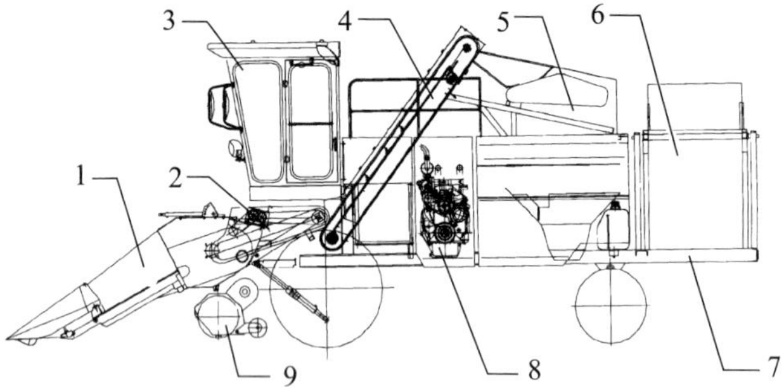

b

图 8－4　雷沃 4YZ－3C 型自走式玉米收获机

a. 外观图　　b. 结构简图

1. 摘穗台系统　2. 第一升运器　3. 驾驶室　4. 第二升运器　5. 剥皮机构　6. 果穗箱　7. 底盘机架　8. 发动机　9. 茎秆粉碎还田装置

该系列自走式玉米收获机一次可以完成摘穗、剥皮、果穗集装、茎秆粉碎还田等作业。整机呈 T 形配置，摘穗台布置在整机的正前方，摘穗台上方布置了玉米摘穗机构，下方布置了茎秆处理机构。通过果穗与茎秆分流的方式将二者进行分别处理，经过一系列的处理机构，最后实现果穗的剥皮、装箱，茎秆的粉碎还田等作业。

（二）工作过程

收获机行走作业时，首先分禾器把玉米植株按行分开，扶起倒伏的禾秆，通过夹持输送链把茎秆输送给摘穗机构，摘穗机构将玉米果穗摘下后，通过横向果穗输送推运器将玉米果穗输送至前果穗升运器内，再由前果穗升运器输送到后果穗升运器中，然后由后果穗升运器输送到剥皮机构中。剥皮机构的剥皮辊和压紧装置将果穗剥皮并清除苞叶，最后通过抛扔辊将果穗抛入到收获机果穗箱中。摘完果穗的玉米茎秆被茎秆粉碎工作部件从其根部切断，当茎秆被切断后，由粉碎工作部件高速旋转所产生的气流将其带起，在茎秆的下落过程中，又被后排粉碎工作部件连续打击。切碎的茎秆由粉碎工作部件工作中所产生的强大气流带动，喷出并抛撒在机器后方。

（三）性能参数

雷沃 4YZ－3C 型自走式玉米收获机的性能参数见表 8－1、表 8－2、表 8－3、表 8－4 所示。

表 8－1　整机性能参数表

序号	项目		单位	规格
1	结构形式		/	自走式
2	发动机型号		/	4JR3AZAL
3	发动机额定功率		千瓦	92
4	发动机额定转速		转/分	2 300
5	工作状态外形尺寸（长×宽×高）		毫米	8 660×2 500×3 730
6	机器质量		千克	7 400
7	摘穗道行数		行	3
8	最小离地间隙		毫米	350
9	作业前进速度		千米/小时	1.73～5.4
10	纯工作小时生产率		公顷/小时	0.34～0.7
11	单位面积油耗		千克/公顷	≤30
12	适应行距范围		毫米	600～700
13	摘穗道中心距		毫米	650
14	最大卸果穗高度		毫米	1 720
15	轮胎规格（承载能力）	前轮	千克	15－24（2 800）
		后轮		10.0－15.3（1 525）

（续表）

序号	项目		单位	规格
16	轮距	前轮	毫米	1 800
		后轮		1 900
17	轴距		毫米	3 300
18	最小转弯半径	左	毫米	6 600
		右		6 700
19	行走速度	Ⅰ	千米/小时	1.62～3.63
		Ⅱ		3.60～7.99
		Ⅲ		9.71～20
		倒挡		3.8～8.43
20	剥皮辊形式		/	铸铁辊+胶辊
21	剥皮辊数量		对(个)	8(16)
22	摘穗形式		/	拉茎辊+摘穗板式
23	摘穗板形式		/	板式
24	拉茎辊形式		/	直纹六棱辊式
25	粮箱容积		立方米	3.0
26	割台升降方式		/	液压升降
27	卸粮方式		/	液压卸粮
28	茎秆还田装置形式		/	弯刀式
29	茎秆还田装置工作幅宽		毫米	1 800
30	茎秆还田粉碎刀总安装数		把	76

表 8-2 液压系统表

序号	项目		单位	规格
1	液压油泵转速		转/分	2 500
2	多路阀工作压力		兆帕	16
3	全液压转向器	型号	/	BZZ1-100FKA-10
		工作压力	兆帕	16
4	液压油缸型号	摘穗台升降油缸	/	YB3A. 25. 1
		无级变速油缸	/	YB3. 25. 5
		还田机升降油缸	/	YB3A. 25B. 2
		转向油缸	/	SG-E50X220L-001
		卸粮油缸	/	YB3A. 25B. 42

表 8－3　电器系统表

序号		项目	单位	规格
1	蓄电池	型号	/	6－QA－165S
		电压	伏特	12
		容量	安培·小时	165
2	启动继电器	型号	/	JD133D
		额定电流	安培	80
		电压	伏特	12

表 8－4　油料表

项目	单位	标准	规格
柴油箱容积	升	/	155
4℃	/	GB252－2000	0 号轻柴油
－5℃以上	/	GB252－2000	－10 号轻柴油
－14℃以上	/	GB252－2000	－20 号轻柴油
－29℃以上	/	GB252－2000	－35 号轻柴油
发动机机油及油底壳容量	升	/	详见发动机使用说明书
液压油箱容积	升	/	18
液压油牌号	/	GB11118.1－1994	L－HM46 液压油
啮合套变速箱（6 升）＋边减箱	升		N100D 拖拉机传动、液压两用油
储油杯(0.3 升)	升	GB12981－2003	HZY3(JG3)机动车制动液
中间传动齿箱(1.2 升)	升	JT224－1996	中负荷车辆 GL－4 齿轮油(等级为 85W/90)
拨禾齿箱(0.25 升)	升	JT224－1996	中负荷车辆 GL－4 齿轮油(等级为 85W/90)
摘穗齿箱(0.75 升)	升	JT224－1996	中负荷车辆 GL－4 齿轮油(等级为 85W/90)

(四)主要性能指标

收获机的作业性能测试应在最大持续喂入量、籽粒含水率为 25%～30%、植株倒伏率低于 5%、果穗下垂率低于 15%，最低结穗高度大于 450 毫米的条件下进行。

该机的主要作业性能指标为：果穗含杂率≤1.5%
籽粒损失率≤3%
籽粒破碎率≤1%

三、雷沃谷神 4YD－3 型悬挂式玉米收获机

该机由福田雷沃国际重工股份有限公司生产，可与欧豹 FT800B 型轮式拖拉机（58.8 千瓦）等配套使用（图 8－5）。

图 8－5　雷沃谷神 4YD－3 型悬挂式玉米收获机

主要技术规格如表 8－5 所示。

表 8－5　雷沃谷神 4YD－3 型悬挂式玉米收获机主要技术规格

序号	项目	单位	设计值
1	结构形式		悬挂式
2	配套动力	千瓦	58.8
3	工作状态外形尺寸（长×宽×高）	毫米	7 650×2 250×3 750
4	结构质量	千克	1 900
5	工作行数	行	3
6	最小离地间隙	毫米	250
7	作业前进速度	千米/小时	2.41～6.01
8	行距范围	毫米	500～800

（续表）

序号	项目	单位	设计值
9	最大卸果穗高度	毫米	1 760
10	摘穗辊形式		螺旋辊
11	茎秆切碎机构形式		甩刀式、锤爪式
12	生产率	公顷/小时	0.3～0.8
13	燃油消耗量	千克/公顷	≤26.33
14	籽粒损失率	%	≤2
15	果穗损失率	%	≤3
16	籽粒破碎率	%	≤1
17	秸秆粉碎长度合格率	%	≥85

四、玉米收获机的主要工作装置

（一）摘穗装置

现有玉米收获机上所用的摘穗装置皆为辊式，按结构可分为纵卧式摘辊、立式摘辊、横卧式摘辊和纵向摘穗板 4 种。

（1）纵卧式摘辊多用在站秆摘穗的机型上，由一对纵向斜置（与水平线成 35°～40°）的摘辊组成（图 8－6），两辊的轴线平行并具有高度差。摘辊的结构分前、中、后三段：前段为带螺纹的锥体，主要起引导茎秆和有利于茎秆进入摘辊间隙的作用；中段为带有螺纹凸棱的圆柱体，起摘穗作用；后段为深槽状圆柱体，主要将茎秆的末梢和在摘穗中已拉断的茎秆强制从缝隙中拉下或咬断，以防阻塞。两摘辊之间的间隙（以一辊的顶圆到另一辊根圆的距离计算）约为茎秆直径的 30%～50%，移动摘辊前轴承可以调节间隙，调节范围为 4～12 毫米（从摘辊中部测量）。

工作中，茎秆在两摘辊之间沿轴向移动时被向下拉伸，由于茎秆的拉力较大（1 000～1 500 牛顿），而果穗与穗柄的连接力及穗柄与茎秆的连接力较小（约 500 牛顿），因此果穗在两摘辊碾拉下被摘落。果穗一般在它与穗柄的连接处被揪断，并剥掉大部分苞叶。

纵卧式摘辊的主要特点：在摘穗时茎秆的压缩程度较小，因而功耗较小，对茎秆不同状态的适应性较强，工作较可靠，但摘落的果穗带苞叶较多。

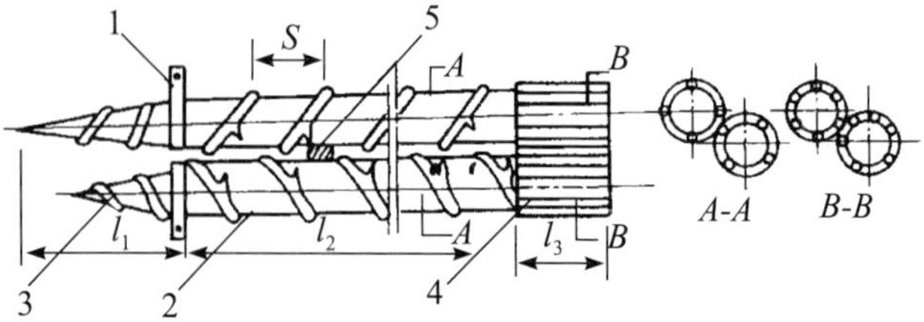

图 8－6　纵卧式摘辊

1. 强拉段　2. 摘穗段　3. 导锥　4. 可调轴承　5. 茎秆

(2)立式摘辊多用在割秆摘穗的机型上,由一对或两对倾斜(与竖直线成25°)配置的摘辊和挡禾板组成(图 8－7)。每个摘辊分上下两段:上段的断面呈花瓣形(3～4 个花瓣),以加强摘辊对茎秆的抓取和对果穗的摘落能力;下段的断面与上段相同或采用4～6个棱形,起拉引茎秆的作用。为使摘辊对茎秆有较强的抓取能力,其间隙为 2～8 毫米,可通过移动上下轴承的位置调节。

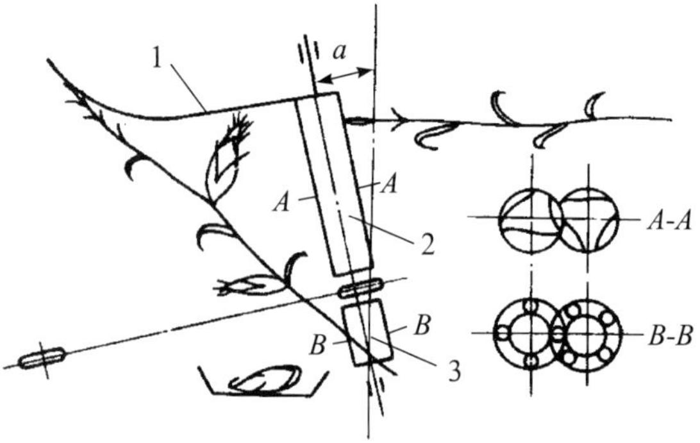

图 8－7　立式摘辊

1. 挡禾板　2. 上段　3. 下段

工作时,茎秆在喂入链的夹持下由根部喂入摘辊下段的间隙中,在下段摘辊的碾拉下,茎秆迅速后移并上升,在挡禾板的作用下,向垂直于摘辊轴线方向旋转,并被抛向后方。果穗在两摘辊的碾拉下被摘掉而落入下方。

立式摘辊的主要特点：摘穗中对茎秆的压缩程度较大，果穗的苞叶被剥掉较多，在一般条件下，工作性能较好，但在茎秆粗大、大小不一致、含水量较多的情况下，茎秆易被拉断而造成摘辊堵塞。

为了改善立式摘辊的性能，我国在研制 4YL－2 型玉米收获机时，采用了组合式立式摘辊（图 8－8），即前辊采用表面具有钩状螺纹的辊型，主要起摘穗作用；后辊采用六棱形（呈大花瓣形）拉茎辊，有较强的拉引作用。试验表明，该组合式摘辊性能较好，果穗损失率低，工作可靠性较大，但机构复杂、功耗较大。

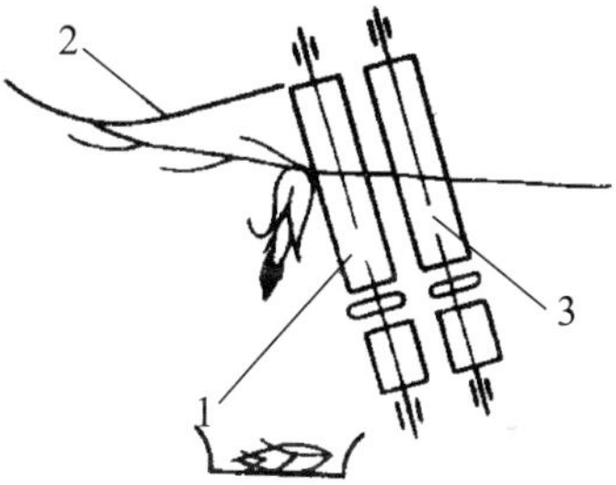

图 8－8　组合式立式摘辊

1. 前摘辊　2. 挡禾板　3. 后拉茎辊

(3)横卧式摘辊在自走式玉米收获机上有的采用这种摘辊，其构造与工作过程如图 8－9 所示。摘穗器由一对横式卧辊、喂入轮、喂入辊等组成。工作时，被割倒的玉米经输送器送至喂入轮和喂入辊的间隙中，继而向摘穗辊喂入，摘穗辊在回转中将茎秆由梢部拉入间隙并抛向后方，果穗被挤落于前方。

横卧式摘辊由梢部抓取茎秆，抓取能力较强，果穗被咬伤率也较大，摘辊易堵塞，但在收获青饲玉米时性能较好，且结构简单、功耗较小。国外有的青饲玉米收获机如俄罗斯 CK－2.6 型玉米收获机就采用了这种结构。

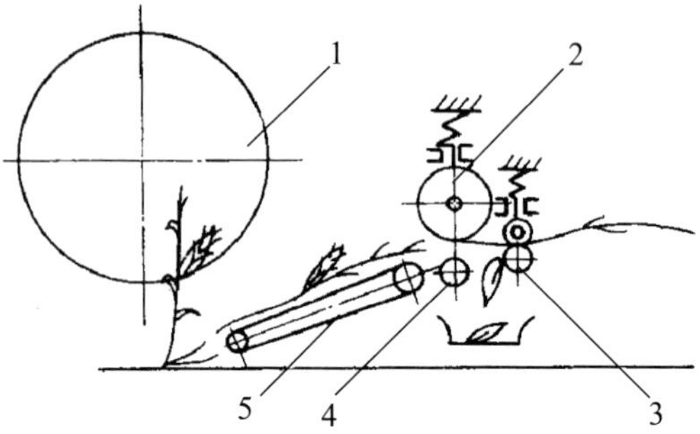

图8－9　横卧辊式摘穗器

1. 拨禾轮　2. 喂入轮　3. 摘穗辊　4. 喂入辊　5. 输送器

(4)纵向板式摘穗器主要用于玉米割台上,由一对纵向斜置式拉茎辊和两个摘穗板组成。拉茎辊一般由前后两段组成:前段为带螺纹的锥体,主要起引导和辅助喂入作用;后段为拉茎段,其断面形状有四叶轮形、四棱形、六棱形等几种(图8－10),其性能大致相同。拉茎辊的间隙可在20～30毫米内调整。摘穗板位于拉茎辊的上方,工作宽度与拉茎辊工作长度相同。为减少对果穗的挤伤,常将摘穗板边缘制成圆弧状。摘穗板的间隙可根据果穗直径大小调整。

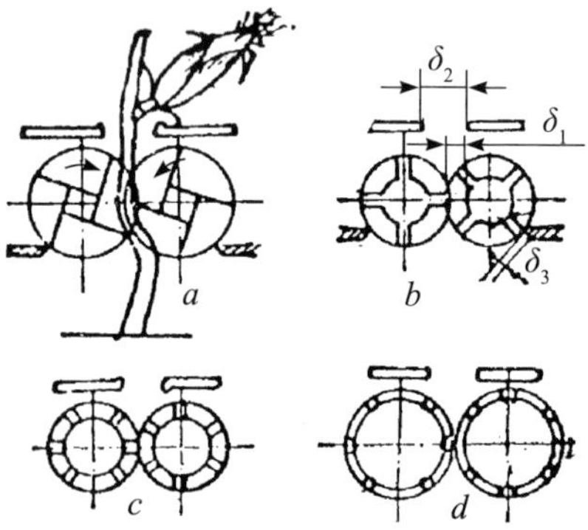

图8－10　拉茎辊

a. 四叶轮式　b. 四棱形　c. 六条圆肋式　d. 六条方肋式

（二）剥皮装置

现有玉米收获机上的剥皮装置多为辊式，它由若干对相对向里侧回转的剥皮辊和压送器组成（图 8－11）。

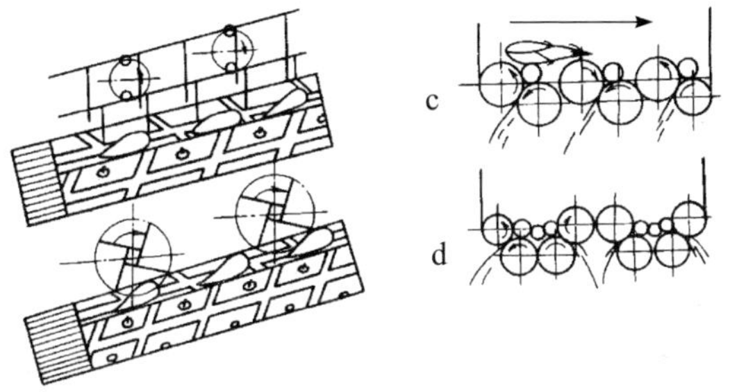

图 8－11　剥皮装置

a. 带键式压送器的剥皮装置　b. 带叶轮式压送器的剥皮装置
c. “V”形配置　d. 槽形配置

剥皮辊的轴线与水平线成 10°～20°倾角，以利于果穗沿轴向下滑。每对剥皮辊的轴心高度不等，呈“V”形或槽形配置。“V”形配置的结构简单，但果穗易向一侧流动（因上层剥皮辊的回转方向相同），一般多用在轴数不多的小型玉米收获机上。槽形配置的果穗横向分布较均匀，性能较好，目前采用较多。在剥皮辊的下端设有深槽形的强制段，可将滑到剥辊末端的散落苞叶和杂草等从间隙中拉出，以防堵塞。

在剥皮辊的上方设有压送器，以使果穗能稳定地接触剥辊而不起跳。压送器有键式、叶轮式和带式等几种。目前，应用较多的是胶板叶轮式压送器。

剥皮装置工作时，压送器缓慢地回转或移动，使果穗沿剥皮辊表面徐徐下滑。由于每对剥皮辊对果穗的切向抓取力不同（上辊较小，下辊较大），果穗便回转。果穗在回转和滑行中不断受到剥皮辊的抓取，将苞叶撕开，并从剥皮辊的间隙中拉出。

为了增加剥皮辊对苞叶的抓取能力，上置的剥皮辊一般为胶制，表面有凸棱；下置的剥皮辊为铸铁制，表面具有螺旋形槽纹，并带有可拆卸的凸钉，既有利于果穗下滑又有较强的抓取能力。当果穗青湿、苞叶难剥时，可加装凸钉以增强剥取作用；当果穗干燥、籽粒易脱落和破碎时，则由下方向上逐次减少凸钉。

（三）茎秆粉碎装置

茎秆粉碎装置按动力的形式可分为甩刀式、锤爪式和动定刀组合式等。

茎秆粉碎装置在玉米收获机上一般有 3 种安装位置：一种是位于收割机后轮后部；另一种是位于摘辊和前轮之间；还有位于前后两轮之间的。用液压方式提升。

茎秆粉碎装置的工作过程：玉米收获机通过动力输出轴经万向节将动力传至茎秆粉碎装置的变速箱，经过两级加速后带动切碎刀轴高速旋转，均布在刀轴上的刀片随之高速旋转，对茎秆进行冲击砍切、锤击破碎，并将碎茎秆均匀抛撒。

为提高粉碎效果，在刀轴上方配置的钢板罩壳内壁上装有定刀片，并与动刀片交错对应配置。在刀体旋转带动和由于刀体旋转而产生的负压的共同作用下，茎秆被带入机壳内，受到冲击砍切和剪切撕拉，保证了茎秆的切碎质量。

第九章　玉米收获机的使用与维修

一、如何选购玉米收获机

(一)机具类型选择

目前,玉米收获机械主要有自走、背负、小型机和小麦玉米两用机。这4种机型都能做到一次完成摘穗、输送、集收、自动卸粮和秸秆粉碎还田等作业,但作业功能有所不同。

1. 自走机

因是专门用来从事玉米收获作业的,其功能单一,一般都具有结构紧凑、配置合理、操作灵活、稳定性好、粮仓大、驾驶条件好、视野开阔和作业效率高等特点。另外,近年来,随着夏收、夏种、秋收及秋种机械化水平的提高,增加了玉米生长期。玉米粒含水率降低,多家企业的自走机都增加了剥皮功能,效果不错,节省了劳动力和工时,但它的价格相对较高,是地块大,经济发达地区用户的首选。

2. 背负式

是与大中型轮式拖拉机配套使用的玉米收获机械,拖拉机可多用,具有价格低、投资回收期短和维修方便等特点。但操作视野和舒适性差,适合经济条件相对较好,家中有适宜配套拖拉机的用户。

3. 小型机

结构紧凑、价格低、机身短、转弯半径小,适合于山区丘陵地带种植行距小、地块小,经济条件较差的用户使用。但其适应性较差,尤其是切割秸秆和还田效果差。

4. 小麦玉米两用机

可以一机两用,作业效率高、投资回收期短、存放占地小,但拆装繁琐、技术要求高,适合于夏、秋季参加异地作业,经济条件较好的用户使用。

（二）机具适应性选择

首先要看割台前分禾器、拨禾链以及摘穗辊之间的衔接状态，如果角度不合适、部件之间衔接不好，作业时就不能有效地把玉米秸秆送入摘穗机构内，造成果穗丢失。另外，要充分认识当地玉米种植模式，尽量选择与当地种植行距相符的机具，这样可保证作业效率。

为提高作业效率、增加收入，要选择技术先进成熟、结构合理、操作简单、性能可靠和维修保养方便的玉米收获机械。

1. 动力功率

功率小，作业效率低；功率过大，成本高，造成浪费。一般自走式3行机约80.85千瓦，背负式3行机约58.8千瓦，小型两行机约25.73千瓦，两用3行机约66.15千瓦较适宜。

2. 摘穗结构

板式摘穗结构相对啃伤玉米现象少、果穗损失小；辊式摘穗机构动力消耗小、结构简单、维修方便，但对果穗挤压和冲击力大，果穗易损失。

3. 粮仓

要看粮仓容积的大小、卸粮位置是否适宜以及作业中粮仓是否能自动平仓。

4. 液压系统

要看卸粮是否干净，割台高低、旋转角度是否恰当以及液压调整能否到位。带秸秆粉碎还田装置的，要看其升降是否能达到要求。

5. 电器

要看零件是否齐全，控制是否可靠。

6. 秸秆还田机

结构应先进，刀具要耐磨。

（三）选择信誉好的产品

可以向其他用户了解使用该类机具的质量与售后服务情况，

从而对生产企业的情况有基本认识。在农机产品补贴目录中列出的机具都是有质量保证的企业生产的,用户可以放心购买。

在目录里没有的生产企业,生产出来的产品质量参差不一。在选购农机商品时,应尽量到有营业执照的正规的经销店去购买,还要索取“三包”维修服务凭证和发票,以便在“三包时间内”出现问题时,可以依法到经销商处维修或索赔。

二、收获时机的确定

适时收获是确保粮食增产增收的重要措施。当玉米果穗苞叶变干而松散,籽粒变硬,呈现光泽,用指甲不易划破,同时植株根部叶片呈黄绿色,说明已进入完熟期。此期进行收获产量最高。

如急需腾地以便种冬麦,可在籽粒已定浆进入蜡熟期时带秆收获,收后可将玉米整株竖起来堆放于地埂道边或庭院空闲地10～15天后再剥皮脱粒。这样,既能使茎秆、苞叶、穗轴及叶鞘内的养分继续向籽粒输送,以增加粒重,保证玉米产量,又可按时播种小麦。

三、作业区准备

作业区地块应平坦,坡度要符合机器安全作业要求。在大地块作业时,可先分成几个作业区域,确定机器行走的正确路线。

四、玉米收获机安全使用注意事项

机器的操作者必须了解以下的安全使用事项。

(1)驾驶员必须经过培训后,方能使用玉米联合收获机。并应按照说明书要求进行作业、转移和维护。

(2)注意经常检查机上配置的灭火器性能是否良好。万一着火时,就可拔掉安全销,捏拢把手,用喷嘴对准起火的根源喷出灭火剂即可灭火。

(3)及时清理发动机周围,尤其是增压器周围的杂物,严防失火。

(4)夜间作业当电气系统发生故障时要用防火灯,严禁用明火照明，以防火灾。

（5）禁止在作业地区内加油和运转时加油，禁止在机上或者作业区内吸烟。

（6）禁止在电器系统中使用不合格电线，接线要可靠，线外须有护管，接头处应有护套，保险丝容量应符合规定，不允许做打火试验。蓄电池应保持清洁，电池上禁止放金属异物。机器运转时不要摘下电瓶线。电焊维修时必须断开电源总闸。

（7）安全罩未罩上时不允许启动联台收割机。启动后，不允许掀开或取下。

（8）禁止穿戴肥大或没有扣好的工作服操作机器。

（9）驾驶员在启动发动机前，必须检查变速杆、主离合器操纵杆是否都在空挡或分离位置。

（10）驾驶员必须确实看清收割机周围无人靠近时，才能发出启动信号后启动机器。

（11）只有在收割台安全卡可靠支撑后才能在割台下面工作。未停车不允许排除故障。

（12）联合收割机田间作业时，发动机油门必须保持额定位置，以免工作部件的转速过低或过高。注意观察仪表和信号是否正常，不准其他人员搭乘和攀援机器。

（13）联合收割机作业中因超负荷堵塞，必须同时断开行走离合器和主离合器，必要时立即停止发动机工作。工作部件缠草和出现故障，必须及时停车清理排除。

（14）联合收割机在作业时，横纵坡不能大于8°，运输时横坡不能大于8°，顺坡不大于25°。不允许坡地高速行驶，上下坡不允许换挡。坡地停车，应使用手刹车固定，四轮应堰上专用斜木或可靠石块。经常检查刹车、转向和信号系统的可靠性。作业倒车不允许转“死弯”，以免使导向轮刮地走。

（15）不要在高压线下停车。

（16）当联合收割机因出现故障需要牵引时，最好采用不短于

3 米长度的刚性牵引杆，并挂接在前桥的牵引钩上，不允许倒挂在后桥挂接点，后桥挂接点只做牵引小拖挂车用。因故障在牵引联合收割机时，不允许挂挡，牵引速度不超过 10 千米/小时，不要急转弯。在收割机出现故障不能启动时，不允许拉车或溜坡启动。

(17)卸粮时禁止用铁锨等铁器在果穗箱里助推果穗，禁止机器运转状态爬入果穗箱助推果穗，防止二次切碎等装置伤人。

(18)机组远距离转移必须使用割台油缸安全卡可靠支撑割台。公路行驶遵守交通规则。

(19)及时检查发动机行走皮带轮固定螺栓的紧固情况，防止螺栓松动、丢失；防止皮带轮松脱后碰坏水箱。

(20)联合收割机停车时必须将割台放落地面，粉碎机升离地面，所有操纵装置回到空挡和中间位置，然后才能熄火。坡地停车应用手刹车固定。离开驾驶台时应将启动开关钥匙抽掉，并将总闸断开。

(21)支起联合收割机时，在前桥应将支点放在机架与前管梁连接处支撑板上，在后桥应将支点放在铰点下方，并垫好未支起的轮胎。

(22)拆卸驱动轮时应拆与轮毂固定的螺栓。卸下总成后，如需要再拆内外轮辋固定螺栓，必须先将气放完后再拆，以免轮辋飞出伤人。

五、玉米收获机的试运转

收获机在正式作业前，要进行试运转，以检查机器各部分技术状态是否正常，并使各摩擦面得到磨合。玉米收获机的试运转包括空载试运转和作业试运转。玉米收获机就地空运转时间应不少于 3 小时，行驶空试时间不少于 1 小时。作业试运转时，在最初工作的 30 小时内，建议收获机的速度比正常的工作速度低 20% ~25%，正常的作业速度可按各型号说明书中推荐的工作速度进行，表9－1为 4YZ－3 型自走式玉米收获机的作业速度。

表9-1 4YZ-3型玉米收获机的作业速度

玉米穗收获量(千克/公顷)	3 000	4 950	7 500	9 975	12 450	15 000	19 950
玉米收获机行驶速度(千米/小时)	9	6.5	5.5	4.4	4	3.5	3

当试运转结束后,要彻底检查各部件的装配紧固程度、总成调整的正确性及电气设备的工作状况,更换所有减速器和闭合齿轮传动箱中的润滑油。

六、玉米收获机操作要点

(1)玉米收获机在作业前应平稳接合工作部件离合器,油门由小逐渐加大,待到额定转速后(大油门),方可开始收获作业。

(2)作业中要依据作物产量情况正确选择前进速度。可按使用说明书的推荐速度并结合实际作业情况确定前进速度。作业速度过高或过低,将导致作业质量差或效率低。

(3)在玉米收获机进行长时间收获作业时,应使玉米收获机停驶1~2分钟,让工作部件空运转,以便从工作部件中排除掉所有果穗、籽粒等余留物。当工作部件堵塞时,应及时停机清除堵塞物。

(4)作业中要定期检查切割粉碎质量和留茬高度,根据情况随时调整割台高度。根据抛落到地上的籽粒数量来检查摘穗装置的工作情况,当籽粒损失量超过玉米籽粒总收获量的0.5%时,应检查摘穗板之间的工作间隙是否正确。

(5)玉米收获机转弯或沿玉米行作业遇有水洼时,应把割台升高到运输位置。在有水沟的田间作业时,收获机只能沿着水沟方向作业。

(6)注意液压系统的连接密封性,不允许漏油。

(7)注意发动机的油压表、水温表和电流表的读数,出现异常及时停机排除。当启动发动机时,持续工作时间不得超过15秒,再一次启动时需经过1~1.5分钟后。3~4次启动不成功时,应查明原因,予以排除。当发动机不工作时,应把总电源开关切断。

七、玉米收获机使用中的维护保养

玉米收获机在使用中必须坚持正确的维修及保养,否则,轻则影响机收效率,降低机具使用寿命,重则引起事故,直至人身伤亡。

(一)保养及维修应遵循的主要原则

1. 安全原则

这是玉米收获机保养及维修时必须遵守的原则,应严格按此原则指导机具使用、调整、保养的整个过程;因此,而引起的机具事故、人身伤亡等问题会给消费者、经销者、制造厂带来许多麻烦,是各方都不希望看到的。

2. 可靠原则

(1)可靠性:为了保证整机的可靠性,玉米收获机上重要零部件的固定均采用了高强度螺栓、螺母紧固组件。在使用此类紧固组件时,必须按高强度紧固组件的扭力要求紧固。超低易引起零部件松动,造成脱落及其他事故;超高易引起零部件断裂、紧固体断裂,造成其他事故。

(2)可靠润滑:玉米收获机上转动部位分布较广,转速高低不一,低速运转部位的润滑采用钙基润滑脂即可;高速运转部位润滑则必须采用高速耐高温润滑脂,润滑不及时或使用不合格的润滑脂极易造成润滑失效,引起轴承急速升温而烧死、爆裂,引发零部件更大的损坏。

在维修过程中,有些配合表面虽然装配后两件不转动,但为了今后拆装方便,也需要在装配前将其表面涂匀润滑脂。

例如,轴承内圈、与轴承配合的轴表面、与轴承配合的轴承座孔表面、滑道副的内外表面、链轮轴孔、皮带轮轴孔、花键副内外表面、与链轮皮带轮配合的轴表面等。

在维修主离合器时,务必要掌握好润滑脂的用量,不仅要防止过少时烧死轴承,还要防止过多时沾污摩擦片,造成接合失灵。

(3)动平衡:在维修、保养过程中,有些拆换的部件需做动平衡后才能进行装配，否则会因为震动引起轴承损坏、零部件开焊、轴断裂等事故。

需要进行动平衡的零部件如下。

①拆换粉碎机甩刀、甩刀轴、重新补焊动刀座时，动刀轴总成（装上动刀的甩刀轴）需进行动平衡，平衡精度 G6.3 级。

②主离合器八槽皮带轮需动平衡，平衡精度 G6.3 级。

③割台输入皮带轮需动平衡，平衡精度 G6.3 级。

④无级变速轮总成，更换动轮或定轮时均需动平衡，平衡精度 G6.3 级。

（4）基本装配规范

①球面轴承偏心套的锁紧：偏心套的旋紧方向与轴的旋转方向相一致，锁紧后紧固偏心套固定螺钉。

②链条活节锁片的安装：链条活节锁片为开口锁片时，其开口方向与链条运动方向相反。

③轴承定位问题：有些轴承因轴承内圈与外圈厚度不对称，装配时必须注意拆下时的方向，以保证装配后轴承定位正确。

一般情况下，带顶丝、带偏心套的球面轴承，其顶丝、偏心套均装在外侧以方便锁紧。冲压轴承座一般也装在固定板外侧。

3. 清洁原则

（1）维修时，装配面要保持清洁。例如，轴承装配时轴与轴承表面要清洁、油封表面要保持清洁、主离合器摩擦片的表面要保持清洁、液压件装配表面要保持清洁。

（2）液压油、齿轮箱润滑油等液体油更换时，要选用静置 24 小时以上的油。并且换油时，严禁从容器底部抽油，要使用上边干净的油，否则会因杂质多引起液压件的堵塞或泄漏，造成转动副的过早损坏。

4. 维修保养后的试运转原则

收获机经过维修后，尤其是更换重要部件后，必须进行空车试运转，看机具的运转状态、转动部件的温升状态、紧固件的牢固状态等是否正常，若无问题才可进入工作，有问题及时解决。

（二）几个重要部位的维修保养

1. 发动机

4Y－3 型玉米收获机采用的是增压发动机，工作中增压器外表温度相当高，为此，在增压器上设置了防护罩，以防落叶长期被烤而引起火灾。但是，仅靠防护罩防护远远不够，用户根据情况必须及时清理增压器周围、发动机排气管周围的杂物，经常保持发动机上尤其是增压器处的清洁干净。切实消除火灾隐患。

2. 主离合器

（1）经常关注主离合器的工作状态及性能，发现分离不清或接合不上，要及时维修或调整。

（2）要定期进行润滑。

（3）拆装时，务必按要求正确装配分离轴承、分离轴承盖。

（4）要保证后动压盘与定压盘的正确位置，防止因后动压盘导套与定压盘分离弹簧导销相碰，而影响离合间隙的调整。

（5）要及时检查离合器连接销、连杆和开口销的完整情况，发现销与孔的间隙过大、开口销断裂或脱落后要及时更换、补充，防止因此而引发的事故。

（6）要切实注意八槽皮带轮的运转情况，发现大的摆动，要及时查找原因，看皮带轮或轴是否滚键、飞轮轴承是否损坏，若是要及时更换损坏部件。

（7）维修时，必须用专用扳手拧紧皮带轮固定螺母 M36×2 及定压盘固定螺母 M39×2，并将锁片锁定牢固。

（8）保证摩擦盘整个宽度上与花键套齿的啮合，否则要调整摩擦片在离合器轴上的位置。

（9）确保润滑油杯方向正确，切实保证工作中润滑可靠。

3. 粉碎机

粉碎机是玉米收获机上消耗动力最多的工作部件，粉碎机动刀片也是玉米收中磨损最快、更换最频繁的零件。因为粉碎机动刀轴总成转速高、重量大,更换刀轴、刀片等零件时,必须对刀轴和动刀轴总成进行动平衡,否则极易造成刀轴断裂、轴承损坏、壳体或悬挂开焊等事故。作业时必须经常检查粉碎机工作情况,看动刀轴转动是否平稳、秸秆粉碎质量是否良好、动刀轴轴承温升是否过高,若有不正常现象,应及时保养维修、更换。

粉碎机维修保养时应做好以下几个方面工作。

(1)及时清理粉碎机壳体内壁所粘泥土,保证壳体内腔工作容积,确保粉碎质量。

(2)严禁粉碎机甩刀直接打土,否则易产生崩刀、动刀轴轴承损坏、甩刀快速磨损、粉碎机震动、粉碎机悬挂开焊等事故。

(3)甩刀磨损到失去2/3 刀刃要整组更换,甩刀刀片更换时须进行称重,一组内刀片的重量差不得大于10 克。

(4)更换的新动刀轴总成须做动平衡,平衡精度不低于G6. 3。

(5)动刀轴轴承润滑时必须使用锂基润滑脂(高速黄油),严禁使用不合格的锂基脂或普通润滑脂,以防止润滑失效引起零部件损坏。

(6)传动三角带要适时适度张紧,防止打滑造成皮带的快速磨损,或引起粉碎质量下降。

(7)当三角带或三角带工作面与皮带轮工作槽面接触不正常,或三角带小端触及皮带轮槽根时,应及时将皮带换新,换新带时,整组皮带要进行长度匹配,装配后每根皮带的张紧度应一致。

(8)经常观察粉碎机壳体前部的挡泥板的完好状态,出现破碎要及时更换,防止粉碎机抛土覆盖行走变速箱。

4. 升运器二次粉碎装置

升运器二次粉碎装置是将割台处产生的断茎秆切碎并抛过粮仓后还田。二次粉碎装置的高低位置可调,通过二次粉碎侧壁安装孔与升运器侧壁孔的上下搭配,可实现二次粉碎装置整体上移或下降,尽量多地将从升运器排出的断秸秆切碎后还田。

二次粉碎装置的维修保养应注意以下问题。

(1)经常检查动刀片与刀座的固定情况,防止动刀松动。杜绝造成动刀飞出后伤人。将动刀固定螺栓拧紧,并将固定螺母焊死或将动刀与刀座焊死。

(2)动刀因长期使用出现弯曲变形后要及时进行更换,更换时要注意刃口方向。严禁使用2片或1片动刀工作,防止动刀轴震动引起机具事故或人身伤害。

(3)及时检查动刀轴传动链条的工作情况,出现链条丢失活节或变形时及时要补齐活节或更换链条,并保证链轮传动平面不超差。

(4)工作中要注意二次粉碎装置的排茎情况,应做到排茎辊不堵塞,不漏排且升运器抛出的果穗不能飞至排茎辊上,造成啃穗。否则要适当调整二次粉碎装置的高低位置。向上调排茎效果减弱,向下调排茎效果增强,但果穗易碰下排茎辊造成啃穗。

(5)若作物品种断茎秆严重,或作物稠密断茎秆严重,经常造成二次切碎装置故障,机具调整无明显改善时,可暂将二次粉碎装置摘下。此时仓内秸秆可能多些,但不影响其他工作。

5. 转向桥总成

(1)经常检查转向拉杆的固定情况,保证固定可靠。

(2)切实注意转向油缸活塞杆的锁紧螺母固定情况,保证螺母可靠拧紧,并保证活塞螺柱的拧进深度,严禁此处松脱引起转向失灵事故。

(3)经常测量转向轮的前束(将转向轮调正,测量轮轴高度处两轮之间的中心距离,后端距离减前端距离即为前束),保证前束6~12毫米,防止前束超差引起导向轮快速磨损。

6. 液压系统

(1)经常检查液压管路的密封情况。各管接头、阀接头不得有渗漏。

(2)多路换向阀的进油阀的压力出厂时已调定,禁止用户自行盲日调高压力,以防止管、阀受高压后破裂;或造成密封件过早损坏。

(3)经常检查输油胶管的自然状况,应无压扁、折死弯、断裂现象,防止因此造成的供油不足,引起液压系统工作失灵。

(4)根据液压系统保养情况,及时补充液压油,满足液压系统正常工作,并保证液压油自然散热。

(5)必须自始至终使用同种规格型号的液压油,以防止混用油料化学反应引起胶化堵塞油路,或损坏密封件。

(6)添加液压油,必须通过液压油加油口滤清器,以防止污物进入系统,引起液压件损坏。

(7)维修液压阀必须找专业维修人员进行。

7. 电器系统

(1)随时观察仪表的指示情况,发现油压、水温、油温不正常情况及时检查有关部位,并按规定补充油料、水。如有接触不良及电器损坏应及时修复。

(2)玉米收获机上电器系统为 12 伏电压,严禁使用高于或低于此电压的蓄电池及电器原件。

(3)发动机补充冷却水需要打开水箱盖时,要注意防护。防止热水喷出伤人,或待冷却一段时间后再补充。

8. 空滤器

(1)空滤器滤芯要及时清理,防止发动机进气不足,燃烧不充分。

(2)空滤器帽进气口处的杂物要及时清理干净,以保证进气量。

(3)不要随意接长空滤器胶管,防止气阻发生,引起进气量不足,影响发动机正常工作。

八、玉米收获机使用后的保养、维修

玉米收获机属于季节使用产品,收获期过后要及时进行保养维修,并进行正确放置。收获作业结束后,应对玉米收获机进行全面的检查维修与保养,根据检查情况,排除所存在的故障和隐患。更换坏损部件、紧固松动螺栓、补齐缺失部件并全面进行保养。对个别重要部位应该拆散后详细检查维修，将收获机调整成基本工作状态，以利于明年快速投入使用。

(一)收获机使用后的保养注意事项

1. 清洁

使用后首先要恢复玉米收的清洁状态，包括以下内容：

(1)清理表面杂物：清理割台处、升运器处、发动机表面、行走变速箱、左右护罩内外的积叶、积草、尘土等杂物，保持机具表面整洁。

(2)清理表面油污：清理液压油箱、燃油箱、发动机表面、输油管路、液压阀、缸等表面的油污，并检查是否有滴漏现象，及时修复，保证液压系统完整可靠。

(3)整理电器系统：看线路是否破损、是否有短路现象、是否有接触不良或灯光等电器系统工作失灵现象，修复并保证系统完好。

(4)检查润滑点油杯缺失损坏情况：检查发动机离合器、粉碎机、无级变速轮、驱动轮毂、导向轮毂、割台挂接轴、行走中间轴等润滑点油杯的完好情况，换下损坏的油杯，补充缺失的油杯，保证润滑系统完整可靠。

(5)清理粘泥：清理粉碎机壳内部的粘泥，保证壳体内腔干净。清理地辊表面的粘泥，保证辊转动正常。清理轮胎上的泥污，保证轮胎表面干净。

(6)清理粮仓：倒转粮仓，将仓内杂物及泥污清理干净后恢复常位。

(7)清理锈蚀：用钢丝刷或砂布将割台搅龙或其他薄铁皮件表面的锈蚀清理干净，涂上防锈漆，有条件的可再涂一层面漆。

2. 松弛

(1)将所有传动链条摘下后用汽油等溶剂将油污清洗干净，并用机油煮泡，然后按原来位置装配好，但不再将其张紧至工作状态，使链条保持松弛状态。

(2)将所有传动皮带摘下后用水清洗干净后挂阴凉处晾干，然后按原来位置装配好,但不再将其张紧至工作状态,使皮带保持松弛状态。

(3)将驱动轮胎气压放至大气压下,然后用坚固的木块可靠将前桥支起,使轮胎支离地面,呈放松状态。

(4)将转向轮胎气压放至大气压下,然后用坚固的木块可靠将转向桥支起,使轮胎支离地面,呈放松状态。

(5)所有液压缸均收缩至最短行程,保证缸内不受液压力。

(6)放下割台安全卡,将割台支撑牢固,调整割台支座,使割台稳固着地,并保持左右高低一致。

(7)取下蓄电池,并摘下正负电缆线。

3. 安全

(1)为防止冬季水箱及发动机体冻裂,长期不用收获机时,务必将水箱冷却水放干净。

(2)将柴油箱柴油放干净,以防火防盗。

(3)拆卸所需保养的零部件时务必遵循安全规范,防止事故及伤害的发生。

(4)将所用散装零件、工具、备件一并收好,防丢防盗。

(5)有条件的用户应将整机放置到屋内,或用苫布盖好,以防风吹日晒,雪打雨浇,免遭锈蚀。

4. 润滑

按照收获机的润滑要求将各转动部位加足润滑脂。

(二)检查维修

1. 试车检查

收获作业结束后,对整机外表杂物进行必要的清理,空车试运转,看发动机、主离合器、分动箱、粉碎机、摘穗部件、风机、升运器、搅龙等运转部件有无异常响动;链条、皮带、升运器刮板、风机叶片、搅龙叶片等相关件有无刮擦现象:看换挡、刹车、离合、液压升降有无阻滞现象或反常现象;看仪表反映是否灵敏,电器线路是否有破裂、断路、短路;看液压管路、阀件是否有渗漏;看发动机底座、主离合器壳体、大小轮胎、二次切碎定刀片、水箱上下水胶管、水箱、转向油缸等部件是否牢固可靠；各部位润滑状态是否良好、温升情况如何；看粉碎机刀片磨损、丢失、损坏情况等。根据检查情况，按安全规范及技术要求认真将机具调整成最佳工作状态。

2. 几个重要部位的维修

(1)主离合器拧松主离合器壳体固定螺栓，将主离合器总成从主机上摘下。

①用手转动发动机飞轮中心的轴承，看轴承转动是否有卡滞或松散现象，及时更换。

注意：必须换质量可靠的双面密封轴承。轴承内注满锂基润滑脂。否则，此处的轴承极易烧损，引起主离合器更大的故障。

②拆散主离合器，观察主离合器销轴与销孔的配合情况，销孔或销轴磨损严重（有明显磨损情况）时，要及时成组更换，否则会降低接合力，引起离合器打滑。

③检查摩擦片磨损状态，摩擦片铆钉沉下尺寸低于0.5毫米时，摩擦片严重烧损（表面发黑，发光时）、破裂、摩擦片铆钉松脱，铆钉孔变形时均需更换新片。

④检查压紧杠杆工作面的磨损情况，磨损严重、压紧无效或效果不理想时，应成组更换。

⑤检查分离轴承转动情况，转动异常或损坏时需换新，但装配时必须按要求组装，否则润滑失效，引起轴承快速报废，造成主离合器的故障。

⑥检查拨叉固定螺栓的紧固情况，拨叉固定螺栓与拨叉轴凹面的配合情况，固定螺栓应紧固可靠，拨叉轴凹面与螺栓圆柱面应贴紧无间隙，拨叉轴转动应能同时带动拨叉摆动，拨叉轴凹面磨损严重，影响分离接合效果时，要及时更换合格的拨叉轴。

⑦检查皮带轮与离合器轴花键、定压盘与离合器轴花键、动压盘与定压盘花键的配合情况，出现明显磨损时，应更换相应部件。

⑧检查后轴承座处轴承转动情况，发现异常，更换所需的

部件。

⑨更换新部件、组装离合器,要严格按技术要求和操作规程,并正确进行保养。严禁使用不合格轴承、配件和润滑脂。

(2)摘穗台检查分禾器、扶禾秆、拨禾链和摘穗辊的结构、间隙、装配情况。保证分禾器、扶禾秆、拨禾链工作实现相互配合,能扶起轻微倒伏的玉米茎秆并引导其顺利进入摘穗辊,以防漏摘、掉穗。摘穗辊在摘穗过程中没有对果穗根部的啃噬,以减少落粒损失。

(3)升运器刮板链条检查升运器刮板链条,看刮板固定螺钉是否脱落、松弛;刮板是否破损、丢失;链条是否扭曲变形。根据情况进行维修更换。

注意:更换后重新装配刮板链条时,要注意刮板压板装在工作面的背面,翻边方向与升运器链条运动方向相反;刮板固定螺栓安装方向与链条运动方向相反,即螺栓头在工作面,尾在非工作面。

(4)秸秆粉碎机检查动刀的磨损及完整情况、轴承温升情况、甩刀轴动刀座的开裂情况、动刀片销轴的磨损情况、开口销的缺失情况、定刀片的磨损变形情况,轴承座油杯的完好情况,根据检查情况修复或更换。

九、玉米收获机的常见故障及排除方法

以自走式玉米收获机为例,其常见故障及排除方法如表9-2、表9-3、表9-4、表9-5所示。

表9-2　工作部件可能的故障及排除方法

故障现象	故障原因	排除方法
两摘穗板之间工作间隙被堵塞	1. 摘穗板之间工作缝隙的宽度不够	1. 调整工作间隙宽度(一般情况下摘穗板前端为32~35毫米,后端为35~38毫米)
拉茎辊被植株缠绕	1. 拉辊与清草刀之间的缝隙过大	1. 将其间隙调到1.5~2毫米

（续表）

故障现象	故障原因	排除方法
拨禾链从被动轮上掉落	1. 链条张紧度不够 2. 主动和被动链轮不在同一平面内 3. 被动链轮在机架上的定位板凹槽中滑动不好 4. 链条变形或磨损	1. 调整链条张紧度 2. 矫正机架上的定位板，使主、被动链轮在同一平面内，可相差1.5毫米 3. 清除定位板上杂物，必要时增加0.2～0.5毫米的垫片 4. 更换链条
搅龙输送器堵塞	1. 玉米倒伏，杂草太多 2. 喂入量过大	1. 清理茎秆搅龙堵塞物，增大或减少茎秆搅龙与底壳的间隙，搅龙叶片外缘与割台底板间隙为3～10毫米为宜 2. 减少喂入量
果穗搅龙输送器喂料口堵塞	1. 玉米倒伏，杂草太多 2. 喂入量大 3. 安全离合器磨损	1. 清理导槽和喂料口 2. 减少喂入量 3. 重新修复接合面，清除磨擦表面的污物
切碎滚筒转速不够，茎秆切碎效果不好	1. 发动机没到额定转速 2. 传动三角带轮打滑 3. 喂入量过大 4. 动刀轻擦定刀或壳体	1. 发动机调到额定转速 2. 张紧传动三角带 3. 减少喂入量 4. 校正或更换
果穗从剥皮辊上下滑受阻	1. 剥皮辊相互压紧力没调好 2. 护板与剥皮辊之间的间隙过大	1. 松开锁母调整弹簧压力来调整剥皮辊相互压紧力，然后锁紧螺母 2. 把间隙调到1～2.5毫米
振动筛堵塞、苞叶夹带籽粒	振动筛振荡、皮带打滑、杂物过多	调整转速、张紧皮带、升高割台减少喂入量
剥皮辊接料部位堵塞	1. 果穗进入剥皮辊分布不均匀 2. 剥皮辊相互压得不紧 3. 喂入量过大	1. 改善果穗分布到剥皮辊上的均匀性 2. 松开锁母增加弹簧压力，从而增加剥皮辊相互压紧力，然后锁紧螺母 3. 减少喂入量
正常工作时安全离合器离合	1. 离合器弹簧压力不够 2. 离合器齿型磨损	1. 调整弹簧压力 2. 更换新齿垫

（续表）

故障现象	故障原因	排除方法
出现堵、卡故障后安全离合器不离合	1. 离合器弹簧压力太大 2. 离合器盘与花键油滑动配合不好	1. 调整弹簧压力 2. 调整齿盘结合面，并清理其表面的污物，要保证去除弹簧压力后，离合器盘能在花键轴上自由滑动，花键部位涂上润滑脂

表 9-3　行走部分可能出现的故障及排除方法

故障现象	故障原因	排除方法
离合器分离不好	1. 油路中缺油 2. 油路系统中有空气 3. 油路系统中有严重渗油 4. 主油泵故障 5. 分离油缸动作不灵 6. 压力盘间隙不对 7. 摩擦片上有油迹	1. 加足油 2. 应排气 3. 排除渗油 4. 排除故障 5. 检查排除 6. 调整间隙 7. 清洗
换挡不灵活或跳挡	1. 挂挡轴调整不当 2. 挂挡轴有损坏 3. 离合器分离不好 4. 离合器制动油缸不起作用 5. 变速箱内换挡锁紧二个弹簧位置不对 6. 驾驶室操纵机构装配、调整不当	1. 调整 2. 更换 3. 见离合器故障排除 4. 排除渗油等故障 5. 检查、更换弹簧位置 6. 重新装配、调整
没有无级变速	1. 行走无级变速液压油缸漏油或卡死 2. 油路系统有故障 3. 被动皮带轮内黄油太多 4. 皮带张力不够，伸长太多	1. 修理更换零件 2. 检查油路系统 3. 清除过多的黄油 4. 调整主、被动轮中心距更换无级变速带
启动发动机后主机不能前进	1. 弹性销掉了，花键套串动 2. 花键套或连接轴已损坏	1. 装弹性销 2. 更换

（续表）

故障现象	故障原因	排除方法
制动效果不好	1. 制动摩擦片磨损 2. 制动摩擦片上有油 3. 液压系统缺刹车油 4. 液压系统有气体 5. 液压系统油渗漏 6. 制动泵和油缸零件损坏 7. 制动器脚踏板自由行程过大	1. 更换 2. 清洗 3. 加油 4. 排气 5. 排除渗漏 6. 更换零件 7. 调整自由行程
液压转向不灵	见下面的液压系统部分	见下面的液压系统部分

表 9－4　发动机的启动机常见故障与排除方法

故障现象	故障原因	排除方法
接通电源启动机不转	1. 蓄电池存电不足，导线及接线柱接触不良 2. 电刷接触不良或过度磨损，弹簧过软 3. 电枢线圈或磁场线圈断路 4. 电磁开关触点烧蚀，接触不上 5. 电枢弯曲或轴套过紧与轴卡死 6. 整流子表面严重烧蚀 7. 绝缘刷架搭铁	1. 充电或更换蓄电池，清除脏物，紧固导线 2. 研磨电刷改善接触面或更换 3. 修理线圈，做绝缘处理 4. 打磨、并调整间隙 5. 校正电枢或更换轴、轴套 6. 车光或磨光整流子表面 7. 加绝缘垫圈
转动无力	1. 蓄电池存电不足，导线接触不良 2. 电刷接触不良或过度磨损，弹簧过软 3. 电枢线圈或磁场线圈短路 4. 整流子表面有油污 5. 电枢轴套过紧、过晃引起乱磁极（打镗） 6. 电磁开关触点烧蚀，接触不上	1. 充电或更换蓄电池，清除脏物，紧固导线 2. 研磨电刷改善接触面或更换 3. 修理线圈，做绝缘处理 4. 清除油污 5. 修理或更换 6. 修理、调整间隙
启动机转而发动机没响应	1. 驱动齿轮与飞轮齿圈没有啮合 2. 拨叉脱钩 3. 拨叉柱锁未装入套圈	1. 调整偏心螺丝的偏心位置 2. 挂钩磨损则需补焊 3. 重装

（续表）

故障现象	故障原因	排除方法
运转时发生强烈的撞击	1. 驱动齿轮，轴头螺母安装不正确 2. 固定螺丝松动，机壳歪斜 3. 驱动齿轮或飞轮齿圈过度磨损 4. 电磁开关接盘和接点过早接触	1. 重新装 2. 紧固螺丝 3. 锉修或更换 4. 在电磁开关与启动接触面处加垫

表9－5　液压系统的常见故障及排除方法

故障现象	故障原因	排除方法
齿轮泵声音异常油温过高	1. 滤清器堵塞 2. 换向阀中溢流阀动作不灵敏，造成系统压力太高 3. 液压油沾满污物散热不好 4. 液压油不足 5. 齿轮泵磨损	1. 清洗 2. 拆下修理，清除故障 3. 清除污物 4. 加足液压油 5. 修理或更换新的
控制工作部件的液压系统不工作	1. 液压油不足 2. 换向阀出口的阻尼孔堵塞 3. 管道中残存气体 4. 齿轮泵严重磨损	1. 加足液压油，找出漏油处，并加以排除 2. 清除该路节流片的杂质 3. 松开油管接头放气，直到没有气泡 4. 修理或更换新泵
割台自行沉降	1. 该路接头处密封不严渗油 2. 液压锁失灵	1. 检查、排除渗漏 2. 锁内单向阀密封不好，更换或修理
行走途中自行减速	同上	同上
开锁油缸无力脱不了钩	节流导套阻尼孔变大	更换或缩孔
某一油缸起作用或动作失灵	1. 操纵杆动作不到位 2. 操纵杆连接处松动 3. 油管有压伤或漏油 4. 油口被杂质堵塞	1. 调整到位 2. 紧固 3. 修复或更换 4. 清除杂质

（续表）

故障现象	故障原因	排除方法
慢转方向盘轻,快转方向盘沉	油泵供油不足	更换油泵;检查油位,处理故障
快慢转方向盘均沉	1. 转向系统油路中混有气体 2. 阀块内单向阀失效或溢流阀不能复位	1. 排气 2. 更换
油和油沫外溢	1. 油箱中液压油太多 2. 吸油管密封不严 3. 液压油中有水	1. 把多余的油放出 2. 检查排除漏气部位 3. 全部清洗后换新油
方向盘转动而油缸时动时不动	1. 液压油有气体 2. 液压油黏度太大	1. 排气 2. 更换或按规定要求的油
行走时方向盘居中位时,机器跑偏	1. 转向器拨销变形或损坏 2. 转向弹簧片失效 3. 联动轴开口变形	1. 更换或送厂家修理 2. 更换或送厂家修理 3. 更换或修理
发动机熄火后,方向盘转动而油缸不动	转向器中转定子径向或轴向间隙大	更换转定子或送厂家修理
方向盘转不动或卡死	1. 液压油脏 2. 转向器弹片损坏	1. 更换液压油,并清理管路系统(加大油门,慢慢转动方向盘,使脏物经液压管进入滤清器) 2. 更换

附　录

谷物收获机械生产厂家(部分)

类型	名称	生产厂	型号
谷物收获机械	半喂入联合收割机	湖南农夫机电有限公司	4LBZ－120YA
谷物收获机械	半喂入联合收割机	常州东风农机集团有限公司	4LBZ－150A
谷物收获机械	半喂入联合收割机	无锡锡拖农机制造有限公司	4LBZ－150A（XT650）
谷物收获机械	半喂入联合收割机	常州东风农机集团有限公司	4LBZ－150
谷物收获机械	半喂入联合收割机	天津拖拉机制造有限公司	4LBZ－148A
谷物收获机械	半喂入联合收割机	洋马农机（中国）有限公司	4LBZJ－140B（Ce－1M）
谷物收获机械	半喂入联合收割机	中机南方机械股份有限公司	4LBZ－150Ⅱ
谷物收获机械	半喂入联合收割机	南通富来威农业装备有限公司	4LBZ－1480
谷物收获机械	半喂入联合收割机	安徽京田机械股份有限公司	525EX－T
谷物收获机械	半喂入联合收割机	莱恩农业装备有限公司	4LBZ－145
谷物收获机械	半喂入联合收割机	洋马农机（中国）有限公司	4LBZJ－140C（Ce－2M）
谷物收获机械	半喂入联合收割机	大同农机（安徽）有限公司	4LBZ－145B（DSC62）
谷物收获机械	半喂入联合收割机	洋马农机（中国）有限公司	4LBZJ－140D（AG600）
谷物收获机械	自走履带式谷物联合收割机（全喂入）	益阳民福农机装备有限公司	4LZ－1.4
谷物收获机械	自走履带式谷物联合收割机（全喂入）	益阳资江联合收割机开发有限公司	4LZ－1.0A

（续表）

类型	名称	生产厂	型号
谷物收获机械	自走履带式谷物联合收割机(全喂入)	益阳资江联合收割机开发有限公司	4LZ－1.4
谷物收获机械	自走履带式谷物联合收割机(全喂入)	福田雷沃国际重工股份有限公司	4LZ－1.5B
谷物收获机械	自走履带式谷物联合收割机(全喂入)	福田雷沃国际重工股份有限公司	4LZ－1.8
谷物收获机械	自走履带式谷物联合收割机(全喂入)	河南瑞创通用机械制造有限公司	4LZ－2.0
谷物收获机械	自走履带式谷物联合收割机(全喂入)	洛阳中收机械装备有限公司	4LZ－200
谷物收获机械	自走履带式谷物联合收割机(全喂入)	洛阳中收机械装备有限公司	4LZ－2
谷物收获机械	自走履带式谷物联合收割机(全喂入)	河南瑞创通用机械制造有限公司	4LZZ－2.0
谷物收获机械	自走履带式谷物联合收割机(全喂入)	福田雷沃国际重工股份有限公司	4LZ－2B
谷物收获机械	自走履带式谷物联合收割机(全喂入)	中机南方机械股份有限公司	4LZ－2.2
谷物收获机械	自走履带式谷物联合收割机(全喂入)	洛阳中收机械装备有限公司	4LZ－252
谷物收获机械	自走履带式谷物联合收割机(全喂入)	现代农装株洲联合收割机有限公司	4LZ－2.3
谷物收获机械	自走履带式谷物联合收割机(全喂入)	现代农装株洲联合收割机有限公司	4LZ－2.3
谷物收获机械	自走履带式谷物联合收割机(全喂入)	江苏沃得农业机械有限公司	4LZ－2.3
谷物收获机械	自走履带式谷物联合收割机(全喂入)	久保田农业机械(苏州)有限公司	4LZ－2.5(PRO688Q)
谷物收获机械	自走履带式谷物联合收割机(全喂入)	浙江艾格莱机械有限公司	4LZ－2.5
谷物收获机械	自走履带式谷物联合收割机(全喂入)	福田雷沃国际重工股份有限公司	4LZ－2.5G
谷物收获机械	自走履带式谷物联合收割机(全喂入)	浙江艾格莱机械有限公司	4LZ－2.8Z
谷物收获机械	自走履带式谷物联合收割机(全喂入)	益阳福祥农业装备有限公司	4LZ－2.8

（续表）

类型	名称	生产厂	型号
谷物收获机械	自走履带式谷物联合收割机(全喂入)	福田雷沃国际重工股份有限公司	4LZ－3B
谷物收获机械	自走履带式谷物联合收割机(全喂入)	福田雷沃国际重工股份有限公司	4LZ－3E
谷物收获机械	自走履带式谷物联合收割机(全喂入)	河南瑞创通用机械制造有限公司	4LZ－3.0
谷物收获机械	自走履带式谷物联合收割机(全喂入)	洛阳中收机械装备有限公司	4LZ－3
谷物收获机械	自走履带式谷物联合收割机(全喂入)	中机南方机械股份有限公司	4LZ－3.0
谷物收获机械	自走履带式谷物联合收割机(全喂入)	洛阳中收机械装备有限公司	4LZ－280
谷物收获机械	自走履带式谷物联合收割机(全喂入)	福田雷沃国际重工股份有限公司	4LZ－3.5E
谷物收获机械	自走履带式谷物联合收割机(全喂入)	浙江艾格莱机械有限公司	4LZ－3.5Z
谷物收获机械	自走履带式谷物联合收割机(全喂入)	福田雷沃国际重工股份有限公司	4LZ－4F
谷物收获机械	自走轮式谷物联合收割机(全喂入)	洛阳中收机械装备有限公司	4LZ－2A
谷物收获机械	自走轮式谷物联合收割机(全喂入)	福田雷沃国际重工股份有限公司	4LZ－2.5E
谷物收获机械	自走轮式谷物联合收割机(全喂入)	福田雷沃国际重工股份有限公司	4LZ－2.5E1
谷物收获机械	自走轮式谷物联合收割机(全喂入)	福田雷沃国际重工股份有限公司	4LZ－2.5E3
谷物收获机械	自走轮式谷物联合收割机(全喂入)	福田雷沃国际重工股份有限公司	4LZ－2.5L
谷物收获机械	自走轮式谷物联合收割机(全喂入)	山东时风(集团)聊城农业装备有限公司	4LZ－2.5
谷物收获机械	自走轮式谷物联合收割机(全喂入)	洛阳中收机械装备有限公司	4LZ－2.5
谷物收获机械	自走轮式谷物联合收割机(全喂入)	洛阳中收机械装备有限公司	4LZ－2.5K
谷物收获机械	自走轮式谷物联合收割机(全喂入)	福田雷沃国际重工股份有限公司	4LZ－2.5E2

（续表）

类型	名称	生产厂	型号
谷物收获机械	自走轮式谷物联合收割机（全喂入）	福田雷沃国际重工股份有限公司	4LZ－2.5E4
谷物收获机械	自走轮式谷物联合收割机（全喂入）	福田雷沃国际重工股份有限公司	4LZ－2.5L1
谷物收获机械	自走轮式谷物联合收割机（全喂入）	约翰·迪尔（佳木斯）农业机械有限公司	4LZ－3（L50）
谷物收获机械	自走轮式谷物联合收割机（全喂入）	福田雷沃国际重工股份有限公司	4LZ－3F
谷物收获机械	自走轮式谷物联合收割机（全喂入）	藁城市博远农牧机械有限公司	4LZ－3.0
谷物收获机械	自走轮式谷物联合收割机（全喂入）	河南瑞创通用机械制造有限公司	4LZ－3
谷物收获机械	自走轮式谷物联合收割机（全喂入）	洛阳中收机械装备有限公司	4LZ－3.0
谷物收获机械	自走轮式谷物联合收割机（全喂入）	山东时风（集团）聊城农业装备有限公司	4LZ－3
谷物收获机械	自走轮式谷物联合收割机（全喂入）	约翰·迪尔（佳木斯）农业机械有限公司	4LZ－3.5（L60）
谷物收获机械	自走轮式谷物联合收割机（全喂入）	福田雷沃国际重工股份有限公司	4LZ－3.5F
谷物收获机械	自走轮式谷物联合收割机（全喂入）	约翰·迪尔（佳木斯）农业机械有限公司	4LZ－3.5（W70）
谷物收获机械	自走轮式谷物联合收割机（全喂入）	洛阳中收机械装备有限公司	4LZ－3.5
谷物收获机械	自走轮式谷物联合收割机（全喂入）	福田雷沃国际重工股份有限公司	4LZ－4F
谷物收获机械	自走轮式谷物联合收割机（全喂入）	福田雷沃国际重工股份有限公司	4LZ－4F1
谷物收获机械	自走轮式谷物联合收割机（全喂入）	约翰·迪尔（佳木斯）农业机械有限公司	4LZ－4（W80）
谷物收获机械	自走轮式谷物联合收割机（全喂入）	洛阳中收机械装备有限公司	4LZ－4Z
谷物收获机械	自走轮式谷物联合收割机（全喂入）	山东时风（集团）聊城农业装备有限公司	4LZ－5（6158）
谷物收获机械	自走轮式谷物联合收割机（全喂入）	约翰·迪尔（佳木斯）农业机械有限公司	4LZ－6（C100）

（续表）

类型	名称	生产厂	型号
谷物收获机械	自走轮式谷物联合收割机(全喂入)	福田雷沃国际重工股份有限公司	4LZ－6N
谷物收获机械	自走轮式谷物联合收割机(全喂入)	约翰·迪尔(佳木斯)农业机械有限公司	4LZ－7(W210)
谷物收获机械	自走轮式谷物联合收割机(全喂入)	约翰·迪尔(佳木斯)农业机械有限公司	4LZ－11(C230)
玉米收获机械	自走式玉米收获机	河北冀新农机有限公司	4YH－2A1
玉米收获机械	自走式玉米收获机	福田雷沃国际重工股份有限公司	4YL－3E(兼收小麦)
玉米收获机械	自走式玉米收获机	福田雷沃国际重工股份有限公司	4YZ－3A(兼收小麦)
玉米收获机械	自走式玉米收获机	洛阳中收机械装备有限公司	4YZM－3(兼收小麦)
玉米收获机械	自走式玉米收获机	山东时风(集团)聊城农业装备有限公司	4YZ－3(兼收小麦)
玉米收获机械	自走式玉米收获机	河南瑞创通用机械制造有限公司	4YZG－3(兼收小麦)
玉米收获机械	自走式玉米收获机	洛阳中收机械装备有限公司	4YZ－3C(兼收小麦)
玉米收获机械	自走式玉米收获机	福田雷沃国际重工股份有限公司	4YL－1JF(兼收小麦)
玉米收获机械	自走式玉米收获机	福田雷沃国际重工股份有限公司	4YL－1JK(兼收小麦)
玉米收获机械	自走式玉米收获机	藁城市收割机械有限责任公司	4YZ－3
玉米收获机械	自走式玉米收获机	河南豪丰机械制造有限公司	4YZ－3
玉米收获机械	自走式玉米收获机	河南玉神农业机械装备有限公司	4YZ－4(兼收小麦)
玉米收获机械	自走式玉米收获机	山东国丰机械有限公司	4YZ－3
玉米收获机械	自走式玉米收获机	山东时风(集团)聊城农业装备有限公司	4YZ－3
玉米收获机械	自走式玉米收获机	天津拖拉机制造有限公司	4YZ－3

（续表）

类型	名称	生产厂	型号
玉米收获机械	自走式玉米收获机	福田雷沃国际重工股份有限公司	4YZ－4B
玉米收获机械	自走式玉米收获机	福田雷沃国际重工股份有限公司	4YZ－4C
玉米收获机械	自走式玉米收获机	藁城市博远农牧机械有限公司	4YZ－4B
玉米收获机械	自走式玉米收获机	洛阳中收机械装备有限公司	4YZM－4（兼收小麦）
玉米收获机械	自走式玉米收获机	山东国丰机械有限公司	4YZ－4
玉米收获机械	背负式玉米收获机	河南豪丰机械制造有限公司	4YW－2
玉米收获机械	背负式玉米收获机	宁晋县农星机械厂	4LY－2
玉米收获机械	背负式玉米收获机	山东淄博玺丰农业机械有限公司	4YW－2
玉米收获机械	背负式玉米收获机	山拖农机装备有限公司	4YW－2
玉米收获机械	背负式玉米收获机	顺平县英虎农业机械制造有限公司	4YW－2
玉米收获机械	背负式玉米收获机	山东国丰机械有限公司	4YW－2
玉米收获机械	背负式玉米收获机	山东国丰机械有限公司	4YW－2X
玉米收获机械	背负式玉米收获机	山东五征集团有限公司	4YW－2
玉米收获机械	背负式玉米收获机	保定双赢机械制造有限公司	4YW－Q
玉米收获机械	背负式玉米收获机	福田雷沃国际重工股份有限公司	4YD－3A
玉米收获机械	背负式玉米收获机	福田雷沃国际重工股份有限公司	4YD－3A
玉米收获机械	背负式玉米收获机	河南豪丰机械制造有限公司	4YQ－220
玉米收获机械	背负式玉米收获机	河南豪丰机械制造有限公司	4YW－3

（续表）

类型	名称	生产厂	型号
玉米收获机械	背负式玉米收获机	山东国丰机械有限公司	4YW－3
玉米收获机械	背负式玉米收获机	山东时风（集团）聊城农业装备有限公司	4YW－3
玉米收获机械	背负式玉米收获机	山东五征集团有限公司	4YW－3
玉米收获机械	背负式玉米收获机	山东淄博玺丰农业机械有限公司	4YDW－2
玉米收获机械	背负式玉米收获机	山拖农机装备有限公司	4YW－3
玉米收获机械	背负式玉米收获机	石家庄万通机械制造有限公司	4YW－Q
玉米收获机械	背负式玉米收获机	天津富康时代农业科技发展有限公司	4YW－Q
玉米收获机械	背负式玉米收获机	山东国丰机械有限公司	4YW－4
玉米收获机械	背负式玉米收获机	天津富康时代农业科技发展有限公司	4YW－Q
玉米收获机械	背负式玉米收获机	北京金乐农业机械有限公司	4YD－3A
玉米收获机械	背负式玉米收获机	山东国丰机械有限公司	4YW－3
玉米收获机械	背负式玉米收获机	山东国丰机械有限公司	4YW－3X
玉米收获机械	背负式玉米收获机	天津富康时代农业科技发展有限公司	4YW－Q
玉米收获机械	背负式玉米收获机	天津拖拉机制造有限公司	TN－4YD－3
玉米收获机械	背负式玉米收获机	山东国丰机械有限公司	4YQW－3
玉米收获机械	背负式玉米收获机	山东国丰机械有限公司	4YW－4
玉米收获机械	背负式玉米收获机	天津富康时代农业科技发展有限公司	4YW－Q
玉米收获机械	背负式玉米收获机	天津拖拉机制造有限公司	TN－4YD－4

（续表）

类型	名称	生产厂	型号
玉米收获机械	自走式玉米收获机	河北冀新农机有限公司	4YH－2
玉米收获机械	自走式玉米收获机	河南瑞创通用机械制造有限公司	4YZL－2
玉米收获机械	自走式玉米收获机	河南玉神农业机械装备有限公司	4YZ－3
玉米收获机械	自走式玉米收获机	洛阳中收机械装备有限公司	4LZY－2A
玉米收获机械	自走式玉米收获机	洛阳中收机械装备有限公司	4LZY－3.0
玉米收获机械	自走式玉米收获机	洛阳中收机械装备有限公司	4YZ－2.5Z
玉米收获机械	自走式玉米收获机	北京亨运通机械有限公司	4YZ－3W
玉米收获机械	自走式玉米收获机	福田雷沃国际重工股份有限公司	4YZ－3
玉米收获机械	自走式玉米收获机	福田雷沃国际重工股份有限公司	4YZ－3
玉米收获机械	自走式玉米收获机	藁城市博远农牧机械有限公司	4YZ－3
玉米收获机械	自走式玉米收获机	河南瑞创通用机械制造有限公司	4YZ－3
玉米收获机械	自走式玉米收获机	江苏沃得农业机械有限公司	4YZ－3
玉米收获机械	自走式玉米收获机	洛阳中收机械装备有限公司	4YZ－3
玉米收获机械	自走式玉米收获机	陕西渭恒农业机械制造有限公司	4YZ－2100
玉米收获机械	自走式玉米收获机	陕西渭恒农业机械制造有限公司	4YZ－3
玉米收获机械	自走式玉米收获机	福田雷沃国际重工股份有限公司	4YL－1F1
玉米收获机械	自走式玉米收获机	福田雷沃国际重工股份有限公司	4YL－1F2
玉米收获机械	自走式玉米收获机	福田雷沃国际重工股份有限公司	4YL－1JD

（续表）

类型	名称	生产厂	型号
玉米收获机械	自走式玉米收获机	福田雷沃国际重工股份有限公司	4YZ－1J
玉米收获机械	自走式玉米收获机	福田雷沃国际重工股份有限公司	4YZ－4G
玉米收获机械	自走式玉米收获机	北京亨运通机械有限公司	4YZ－3
玉米收获机械	自走式玉米收获机	北京亨运通机械有限公司	4YZ－3H*
玉米收获机械	自走式玉米收获机	福田雷沃国际重工股份有限公司	4YZ－3C
玉米收获机械	自走式玉米收获机	藁城市博远农牧机械有限公司	4YZ－3B
玉米收获机械	自走式玉米收获机	藁城市博远农牧机械有限公司	4YZ－4A
玉米收获机械	自走式玉米收获机	河南瑞创通用机械制造有限公司	4YZB－3
玉米收获机械	自走式玉米收获机	洛阳中收机械装备有限公司	4YZ－3
玉米收获机械	自走式玉米收获机	山西信联集团实业有限公司	4YZ6－2300
玉米收获机械	自走式玉米收获机	石家庄万通机械制造有限公司	4YZ－Q
玉米收获机械	自走式玉米收获机	新疆机械研究院股份有限公司	4YZB－1800
玉米收获机械	自走式玉米收获机	洛阳中收机械装备有限公司	4LZY－2A
玉米收获机械	自走式玉米收获机	洛阳中收机械装备有限公司	4LZY－3.0
玉米收获机械	自走式玉米收获机	北京亨运通机械有限公司	4YZ－4
玉米收获机械	自走式玉米收获机	北京亨运通机械有限公司	4YZ－4H*
玉米收获机械	自走式玉米收获机	福田雷沃国际重工股份有限公司	4YZ－4
玉米收获机械	自走式玉米收获机	藁城市博远农牧机械有限公司	4YZ－4

（续表）

类型	名称	生产厂	型号
玉米收获机械	自走式玉米收获机	河南瑞创通用机械制造有限公司	4YZ－4
玉米收获机械	自走式玉米收获机	洛阳中收机械装备有限公司	4YZ－4
玉米收获机械	自走式玉米收获机	洛阳中收机械装备有限公司	4YZ－4C
玉米收获机械	自走式玉米收获机	山东五征集团有限公司	4YZ－4
玉米收获机械	自走式玉米收获机	石家庄万通机械制造有限公司	4YZ－Q4
玉米收获机械	自走式玉米收获机	天津拖拉机制造有限公司	4YZ－4
玉米收获机械	自走式玉米收获机	新疆机械研究院股份有限公司	4YZB－2400
玉米收获机械	自走式玉米收获机	新疆机械研究院股份有限公司	4YZB－4
玉米收获机械	自走式玉米收获机	约翰·迪尔（佳木斯）农业机械有限公司	4YZ－4（Y210）
玉米收获机械	自走式玉米收获机	洛阳中收机械装备有限公司	4YZ－5
玉米收获机械	自走式玉米收获机	北京亨运通机械有限公司	4YZ－4S
玉米收获机械	自走式玉米收获机	福田雷沃国际重工股份有限公司	4YL－6JH
玉米收获机械	自走式玉米收获机	山东时风（集团）聊城农业装备有限公司	4YZ－6
玉米收获机械	自走式玉米收获机	天津拖拉机制造有限公司	4YZ－3（兼收小麦）
玉米收获机械	自走式玉米收获机	西安力农农业机械制造有限公司	4QYZ－4